素晴らしきサイエンス
CHEMISTRY

ぼくらは「化学」のおかげで生きている

WE LIVE THANKS TO CHEMISTRY.

齋藤勝裕

実務教育出版

はじめに

本書のタイトル『ぼくらは「化学」のおかげで生きている』を見て、「なんだか変わったタイトルだなぁ」と思われたかもしれません。しかし、これでも控えめにしたつもりです。

私たちの住む世界は、身のまわりにある空気、花、石、製品、体に至るまで、すべて何らかの「物質」からできています。この物質はごく少数の例外を除けば、そのほとんどは「分子」からできています。つまり、この世界はすべて化学物質からできているのです。

ということは、私たちは化学物質の「法則と定理」にしたがって動いていて、化学の力を利用しながら生きている、ということになるのです。企業も化学の力（法則・定理）をうまく活かしながら製品作りに努めています。だから、化学を知ることは私たちの生活を知り、よくすることにもつながるのです。

とはいえ、「じゃあ、化学を勉強してみよう」と思って、久しぶりに高校の化学の教科書を開いてみても、なかなか頭に入ってきません。なぜなら、教科書は化学のすべての分野が総花的に詰め込まれていて、実際の生活、企業活動、将来の社会的ニーズとは無関係な構成になっているからです。多くの方々が高校化学に興味を失った最大の原因は、そんなところにあったように思います。

本書は、私たちが生きていく上でどのような化学知識が必要か、どんな製品がどんな化学法則や原理を利用して作られているのか、いかに化学が私たちの生活を豊かにするために貢献しているのか——そのようなことを考えつつ、まとめたものです。

ページをめくるごとに、化学の世界に触れることで、ワクワクドキドキすることでしょう。そこには、皆さんが本当に知りたかったこと、本当に理解したかったことが、簡潔、明瞭に書かれているからです。

もう1つお伝えしておくと、本書を読み進む上で、化学の基礎知識など必要ありません。必要な知識はその都度、本書に書きました。きっと、教科書では見えなかった「化学の素晴らしい世界」に驚かれることでしょう。

さて、第1章は『ぼくらの日常にひそむ「化学」』と題しました。化学は非常に多くの種類の化学物質を扱います。これらの化学物質を1つひとつ個別に扱っていたのでは、収拾がつきませんし、膨大な暗記になってしまいます。そんなときには、似た物質の性質、同じような反応をシンプルな言葉でまとめてしまうと理解しやすくなります。それが「**法**

則・定理」です。第1章では、このような法則・定理のうち、最も基本的なものを見ておくことにします。

第2章は『ぼくらのテクノロジーを育《はぐく》んだ「化学」』と名づけました。資源の少ない日本は、その資源にできるだけ高い付加価値をつけて世界に供給しなければなりません。そのような、「産業に役に立つ法則・定理」を選んで説明してみました。

第3章は『「化学」でつかむ自然現象』です。ふだん何気なく見ている雲や雨。それらのでき方を知るには、気体・液体・固体のさまざまな化学的性質を理解しておく必要があります。ここでは、過飽和・過冷却状態、ボイル・シャルルの法則、アボガドロの法則などを使い、自然現象の理解に化学の知識で迫ってみました。

第4章は『ぼくらは「化学」に生かされている〜医療・生命・環境〜』です。私たちが生きていく上で、化学物質が果たす重要な役割の1つは、健康や環境に関係したものと言えるでしょう。医療、環境問題は化学の独壇場と言えます。興味深い話をたくさん揃えてみました。

第5章は『元素がわかると「化学」に強くなる』です。化学は「分子の科学」、あるいは「電子の科学」と言うこともできます。それらが私たちの前に現れるのは「元素」という形です。その意味で化学に強くなる一番の近道は、元素の性質と反応性を知ることだと言えるでしょう。

本書はこのような内容で構成されています。皆さんが見慣れた「高校化学」の教科書とはかなり異なりますが、それこそが本書の特徴であり、本書の最大のセールスポイントと言えるものです。化学がいかに生活に浸透しているか、役立っているかを実感してもらえることでしょう。

最後になりましたが、本書の発刊に際し努力をしていただいた実務教育出版の佐藤金平氏、編集工房シラクサの畑中隆氏に感謝いたします。

２０１５年６月
齋藤勝裕

Contents

ぼくらは「化学」のおかげで生きている

第2章 ぼくらのテクノロジーを育んだ「化学」

第3章

「化学」でつかむ自然現象

第4章 ぼくらは「化学」に生かされている ～医療・生命・環境～

第5章 元素がわかると「化学」に強くなる

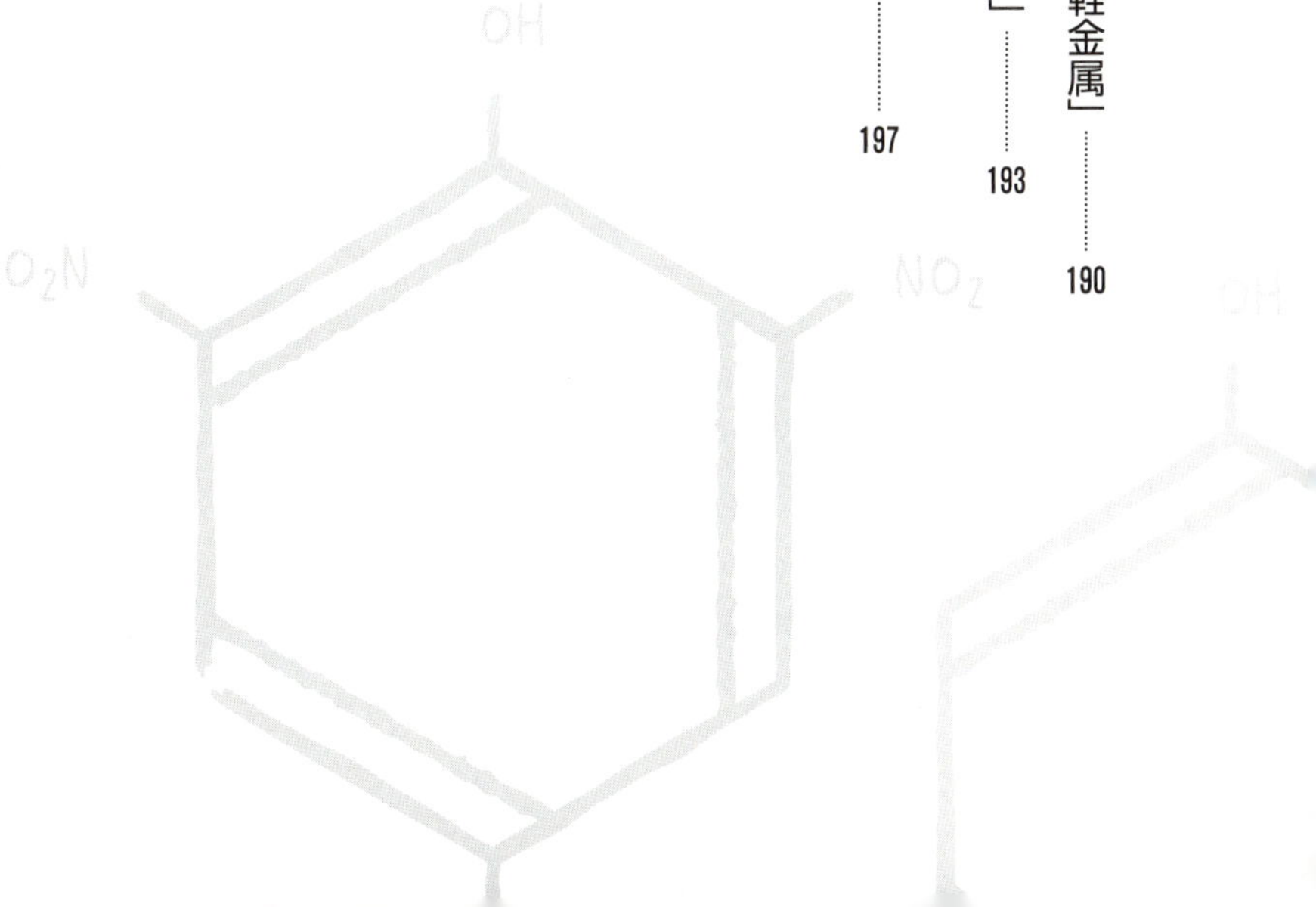
OH
O2N
NO2
OH

装丁／井上新八
カバー写真／©pinstock/Getty Images
イラスト／福々ちえ
本文デザイン・ＤＴＰ／新田由起子（ムーブ）
編集協力／シラクサ（畑中隆）

序章

なぜ、法則を学ぶと「化学」がわかるのか？

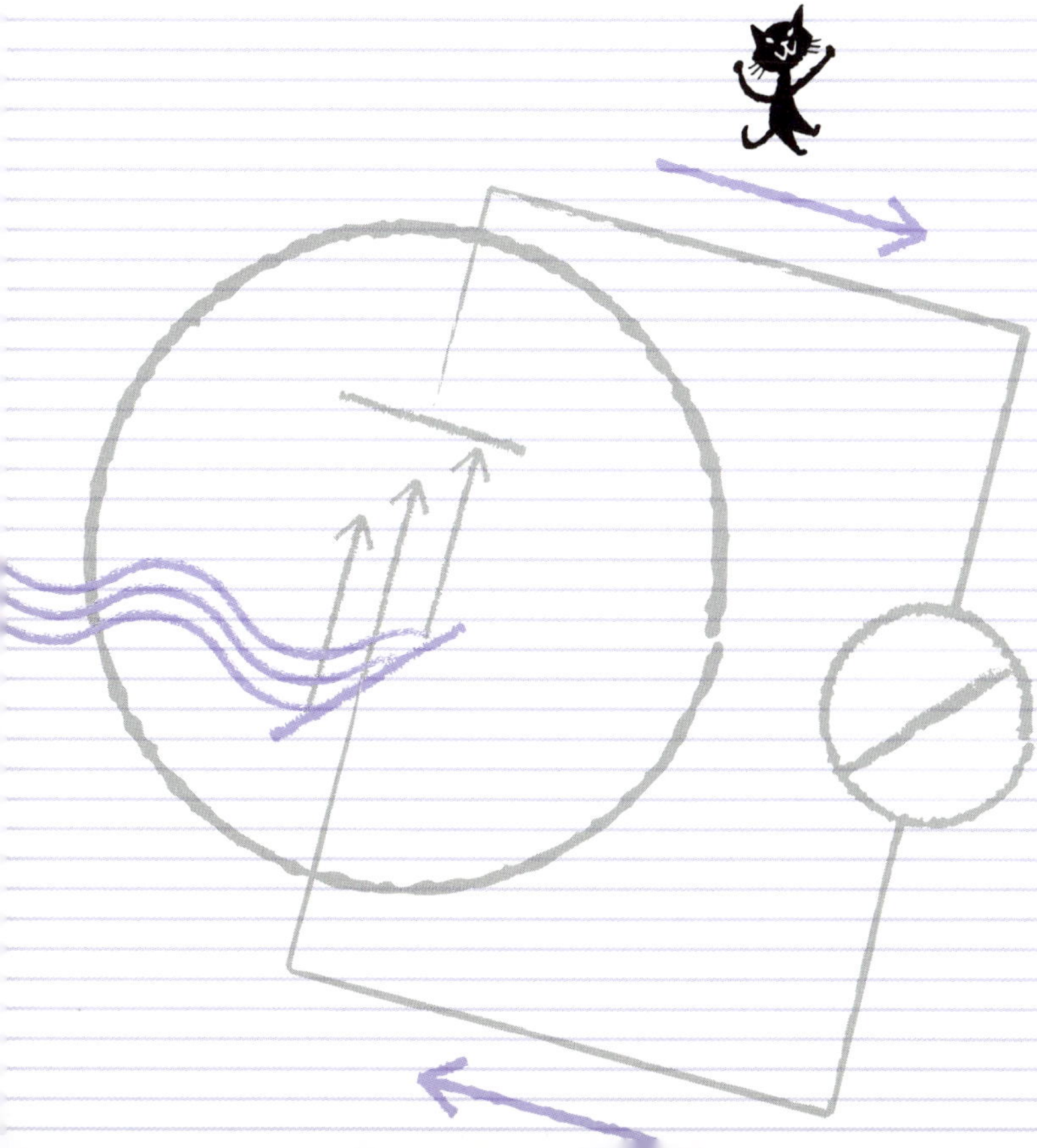

「化学」の法則とは

化学の法則・定理と言うと、「ドルトンの法則」や「ルシャトリエの法則」などが思い浮かびます。これらの法則名は人名に由来します。また、「質量保存の法則」などのように、自然現象の名前がついているものもあります。どちらが重要で、どちらが上ということはありませんが、いずれも物質の状態、特徴をつぶさに観察し、自然現象の本質をとらえたものです。

基本的に、化学は「物質を扱う」ものです。当然、その物質は地球だけでなく、宇宙に存在するものまで対象になります。いまから138億年前に宇宙が生まれ、光よりも高速のインフレーション膨張が起き、その後のビッグバンという大爆発によって「もの（物質）」が誕生し、飛び散っていったとされます。

実際に私たちが感知できる「物質」は全体の5％弱であり、70％はダークエネルギー、25％程度はダークマターという観察不可能な「もの」です。5％弱の物質は、わずか90種類ほどの原子からできたものであり、その原子の個性は大きさ・重さなど少数の要素に還元できます。

この結果、物質の特徴（物性）や反応は、わりと単純な相互作用として考えることができます。この相互作用を説明したものこそ、「法則」なのです。すなわち、ある物質がどんな特徴を持っており、どのような反応を起こすのか（起こさないのか）といったことは、法則や定理を知ることで、おのずと明らかになるのです。その意味では、「法則や定理を学べば化学がわかる」と言えます。

すべては「不思議」から始まった

人類は誕生のときから、自然現象に強い興味を持って生きてきました。なぜ太陽は輝き、毎日昇るのか？　石は何からできているのか？　生き物は何からできているのか？　人はなぜ生まれ、死んでいくのか？

言葉を変えれば、「不思議」とも言えます。太陽が毎日昇る不思議、植物が芽生えて花が咲く不思議、人が生まれ、死ぬ不思議……。これらはすべて自然現象です。ある人々は自然現象の奥に「神」を感じ、宗教を作りました。また、ある人々はうっすらと「自然現象を貫く『法則』」を感じ取りましたが、多くの場合、神の意志として宗教の一環に組み込まれていきました。

しかし、やがて自然現象の研究や解析は宗教から離れ、独立していったのです。

錬金術が「法則」を炙り出した！

　このような流れでよく知られているのが四元説です。万物は地（土）、水、風（空気）、火の４種の〝元素〟からできているとするものです。

地：固体、重さを持つ元素であり、すべての元素の中心に位置する。物質を硬く安定なものにする。

水：流動性を持ち、比較的重い元素である。物質を柔らかく扱いやすいものにする。

風：揮発性があり、比較的軽い元素である。物質に軽さを与え、上昇できるようにする。

火：微細で希薄な元素であり、すべての元素の上に位置する。物質に明るさ、軽さという性質を与える。

　ヨーロッパでは中世になると、錬金術が盛んになりました。錬金術はあまり価値のない物質を「金《ゴールド》」に変えるという術であり、中世にはそれなりの説得力を持つ考えでした。この考えは四元説を実験的に発展させたものと言ってよいでしょう。

　もし、本当に「すべてのものは４種の元素からできており、違いはその配合比率のみにある」としたら、金でもプラチナでも何でも作成可能となり、とても合理的な考え方と言えます。

ということで、中世の錬金術士たち（化学者の祖先）は金に近い物質を混ぜ合わせ、分離することで金の配合にしようとしたのです。

残念ながら、彼らは金を作り出すことはできませんでしたが、考えようによっては、もっと価値あるものを作り出したと言えるかもしれません。それは現代科学《サイエンス》の基礎をなす、「実験で確かめる」ことであり、それによって自然現象を「法則」として明らかにしていったことです。

錬金術師たちが編み出した「実験」という方法を使って、「自然の奥にある神秘（法則）」を炙《あぶ》り出したこと。それが、現代の化学を支えているのです。

やっぱり化学のおかげで生きている

サイエンスは、どのジャンルもすべて法則や定理で成り立っています。それは化学も同様ですが、その特徴は法則や定理が私たちの日常生活の中で〝生きている〟ことです。

〝生きている〟とは、法則や定理にしたがって分子が作られ、動き、反応し、さらに新たな分子が誕生し、それが我々の体を作り、生活を支え、豊かにしてくれているということ。

「法則」と言うと、つい教科書に書いてあること、実生活とは関係ない博物学的なことと思うかもしれません。

しかし、決してそうではなく、日常生活に役立っています。例えば、家を作っているのは木材や鉄材、コンクリートです。すべては化学の領域であり、それらの建築材料は化学の知見で進化・発展してきました。

また、生きていく上で不可欠である食材は農業や漁業の出番と思われがちです。しかし、自然農業（有機農業）だけで地球上の人類70億人を養う能力はありません。現在、70億人がなんとか生きていけるのは化学肥料と農薬のおかげと言ってもよいでしょう。

怪我や病気の苦しみを救ってくれるのも、お祈りや呪いではありません。工場で作られた医薬品です。つまり、化学の知識そのものです。

産業革命以後、産業を支えるものは、原料供給の一次産業ばかりではなくなりました。原料を加工し、付加価値を加える産業が重要になりました。「原料」という物質を変化させ、より価値の高い「製品」にまで変貌させる技術を自由自在に操るのは、「化学」を置いて他にありません。

さらに言えば、〝産業のビタミン〟とまで言われるレアメタルやレアアースは、現在、高性能磁石（モーター）、液晶テレビや有機ＥＬ、太陽電池の透明電極、超強靭・超軽量な鉄板、さらには発光、レーザー発振など、日本企業の最先端製品に寄与し、生活向上に役立っています。その意味で、我々は「やっぱり化学のおかげで生きている！」と言えるのです。

さあ、化学の世界を最もシンプルに体現する、「法則や定理」の視点で化学を切り取り、理解していくことにしましょう！

第１章
ぼくらの日常にひそむ「化学」

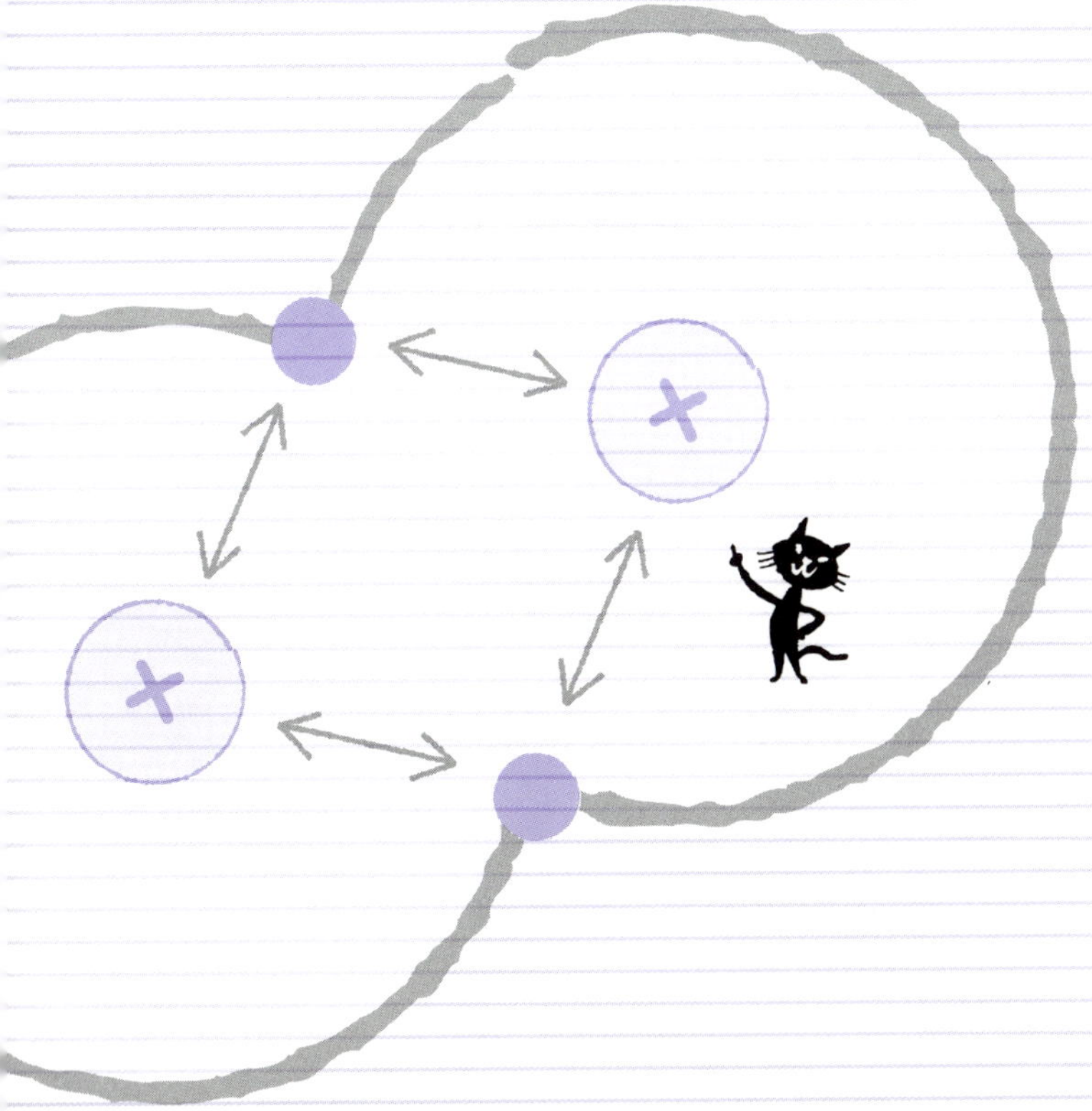

01

70億人を養う力「ハーバー・ボッシュ法」

【ハーバー・ボッシュ法】

水素と窒素からアンモニアを合成し、化学肥料を安価に作る方法。

地球上には70億もの人間が生きていますが、人々が生活するのに欠かせないのが「食料」です。しかし、ありのままの地球には、70億人を養うだけの力はありません。その地球の手助けをするものこそ、「化学」なのです。

動物は植物の作った「糖」で生きている

食物には多くの種類があります。多くの民族が主食としているのが穀物、つまり植物のタネです。植物はクロロフィル（葉緑素）によって、太陽光のエネルギーを用いて、水と二酸化炭素を原料に糖分やデンプンを作り出します。

草食動物はこの植物を食べて栄養とエネルギーを獲得し、肉食動物はその草食動物を食べて栄養とエネルギーを獲得します。つまり、**すべての動物は植物の作った糖によって生きている**のです。この意味で、糖分は〝太陽エネルギーの缶詰〟とも言うべきものです。

植物が十分に成長するためには、水と二酸化炭素だけでは十分ではありません。**肥料**が必要です。植物には、三大栄養素（**窒素、リン、カリウム**）と呼ばれるものがあり、窒素は茎や葉など、リンは花や果実、カリウムは根の成長に必要とされています。

人類を救った１９０６年の奇跡

植物体、すなわち茎、葉などを成長させるためには特に窒素肥料が必要です。窒素は空気中の80％近くもあり、ほぼ無尽蔵と言えます。しかし、マメ科の植物のように根粒バクテリアを持つものを除けば、植物は空気中の窒素分子をそのままでは肥料として吸収できません。植物が窒素分子を栄養素として利用するためには、「窒素分子→他の分子」に変えてやる必要があります。これを「**空中窒素の固定**」と言います。

この空中窒素の固定を人工的に行なう方法を開発したのが、ドイツの２人の化学者ハーバーとボッシュでした。１９０６年のことです。この方法は窒素と水素を触媒の存在下、４００～６００℃、さらに２００～１０００気圧という高温・高圧の下で反応させ、アン

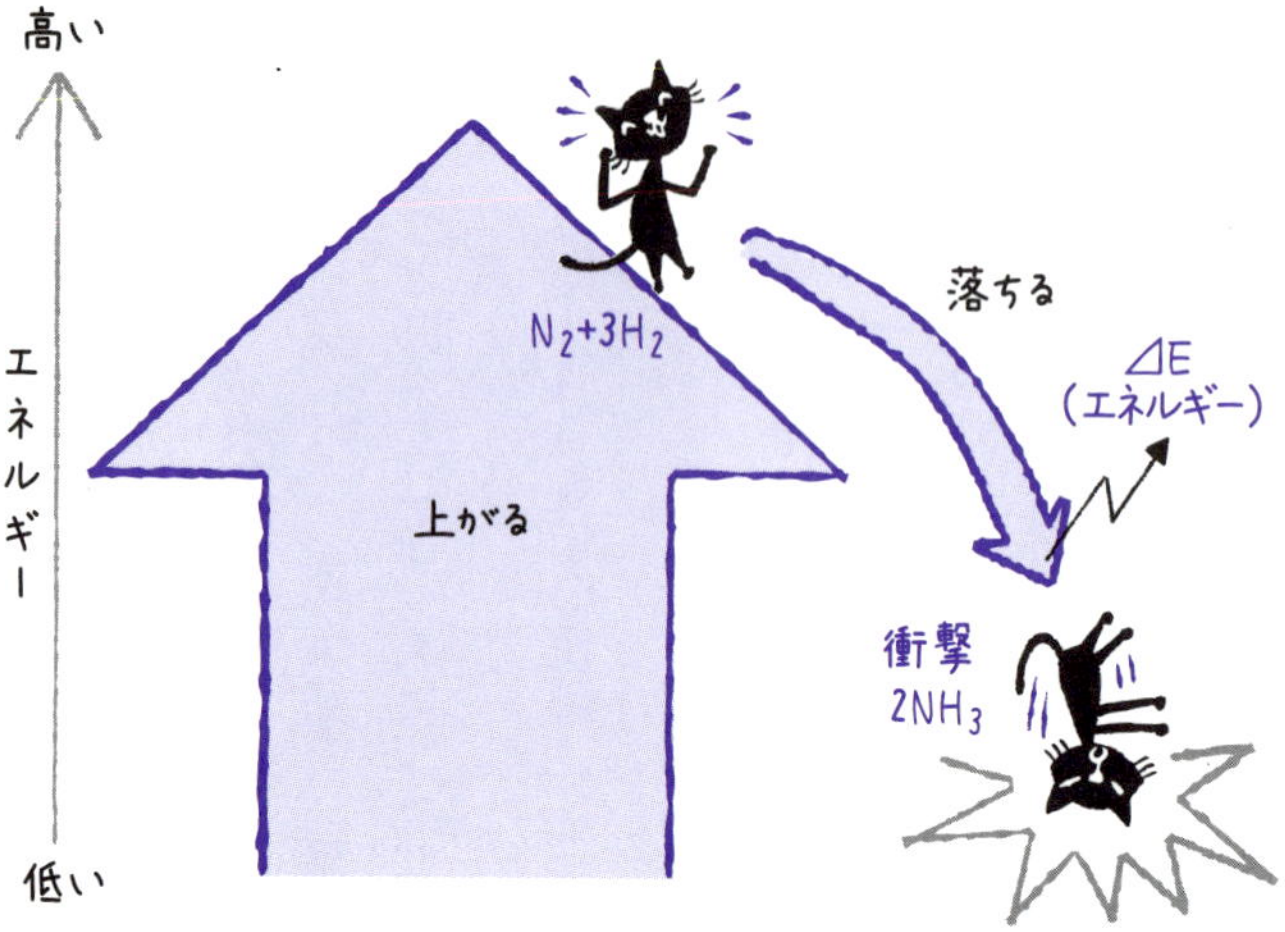

モニアを作るというものです。開発した2人の名前を取って「**ハーバー・ボッシュ法**」と呼びます。ハーバー・ボッシュ法は化学式で書くと次のようになります。

$$N_2 + 3H_2 \rightleftarrows 2NH_3 + \text{発熱}$$

（窒素）（水素）（アンモニア）

すなわち、反応が進行してアンモニアができると同時に熱も出ます。このように、反応に伴って熱（エネルギー）を放出する反応を、化学的には「**発熱反応**」と言います。炭が燃えるような燃焼反応は発熱反応の典型です。

　反応に伴ってエネルギーが出るというのは、高い屋根から飛び降りて骨を折るのと同じです。位置エネルギーが高い屋根から位置エネルギーの低い地面に飛び降りれば、その差⊿Eだけエネルギーが放出されて骨が折れるのです。

ハーバー・ボッシュ法の場合は、最初の原料（窒素＋水素）のエネルギーが大きく、反応してできたアンモニアはエネルギーが小さいということになります。反応が進むにつれて、エネルギーの大きいものから小さいものに変化したので、そのエネルギー差が「**熱**」として放出された、というわけです。

同じような例に、簡易冷却パッドがあります。反応すると、周囲から熱を奪って冷たくなります。これは、発熱反応の逆で「**吸熱反応**」と言います。この反応では、原料よりも生成物のほうが高エネルギーです。そのため、反応が進行するときに周囲からエネルギー（熱）を奪い、その結果、周囲を冷やすのです。このように、反応に伴って出入りする熱のことを反応エネルギーと言います。

化学肥料の誕生

ハーバー・ボッシュ法で作られたアンモニアは、その後、酸化して「硝酸」となります。硝酸はさらにアンモニアと反応して「硝酸アンモニウム」（硝安）となり、あるいはカリウムと反応して「硝酸カリウム」（硝石）となります。すなわち、これらが**化学肥料**です。

平時には肥料で
食糧を作るが…
戦時には火薬を
作ってしまう…
カール・ボッシュ
フリッツ・ハーバー
!

もし、化学肥料がなかったら、70億人もの人々の食料を確保することはどう考えても不可能でしょう。ハーバー・ボッシュ法こそ、人々を飢えから救った大恩人と言うべきものなのです。

ハーバーは1918年に鉄触媒の開発によってノーベル賞を受賞しました。

ボッシュもまた、1931年に高圧ガス化学の開発によってノーベル賞を受賞しました。

やがて、2人はヒトラーと意見が対立し、晩年はお酒に頼る生活になるなど、必ずしも幸福ではなかったと思われます。しかし、人類にとって2人の功績は甚大と言ってよいでしょう。

02

平衡状態の代表選手「ルシャトリエの法則」

【ルシャトリエの法則】

平衡状態では反応条件を変化させると、その変化を打ち消すように反応が進行する。

反応が進行していても、目に見えるような変化のない状態を**平衡《へいこう》状態**と言います。先ほど見たハーバー・ボッシュ法によるアンモニア合成は、このような平衡状態で行なわれる反応です。平衡状態の反応では、ほしい生成物をたくさん生成させるための秘策があります。

変化があっても、変化が見えない状態

もう一度、ハーバー・ボッシュ法の反応式を見てください。

$$N_2 + 3H_2 \rightleftarrows 2NH_3 + \text{発熱}$$

ここで見てもらいたいのは、式の両辺をつなぐ矢印の形（⇅）です。２本の矢印が右向き、左向きに書かれています。これは、反応が右方向へも、左方向へも進行するという意味です。つまり、「窒素と水素からアンモニアができた」けれど、同時に「アンモニアから水素と窒素ができる（もとに戻る）」ことも起きるのです。このように、どちらの方向へも自由に進む反応のことを「**可逆反応**」と言います。

可逆反応は、時間とともにどのように変化するのでしょうか。まず、窒素と水素（左辺）が反応してアンモニア（右辺）になります（右方向の反応）。アンモニアの濃度が上昇し、やがてアンモニアは分解して、もとの窒素と水素に戻ります（左方向の反応）。今度は窒素と水素の濃度が盛り返し……と、このようなシーソーゲームの結果、それぞれの濃度が見かけ上は「変化なし」の状態になります。これが「平衡状態」なのです。動きがないのではなく、あくまで「動きがないように見える」というのがポイントです。

平衡状態は、化学変化ばかりでなく、日常の生活でも頻繁に見られる状態です。例えば、日本の人口は約１億２０００万人ですが、この人口構成に変化がないのかと言えば、そんなことはありません。日々、多くの方々が亡くなり、同時に多くの赤ちゃんが誕生しています。亡くなる方と、誕生する子供がほぼ等しく、全体で見れば変動がわからない、というだけのことです。

$$N_2 + 3H_2 \rightleftarrows 2NH_3 + \text{発熱}$$

窒素　水素　アンモニア

「ひねくれ者」のルシャトリエの法則

平衡状態の代表選手が「**ルシャトリエの法則**」です。これは、「温度、圧力などの反応条件を変化させると、その変化を打ち消すように反応する」という、少しひねくれた法則です。たとえて言えば、親が必死で貯めたお金をドラ息子が道楽につぎ込んでスッカラカンにし、もとの木阿弥になるようなもの。

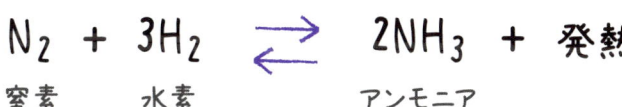

平衡反応でも法則は当てはまります。ハーバー・ボッシュ反応に熱を加えてみると、反応はこの熱をなくす方向に動きます。ハーバー・ボッシュ法は右に進行したら熱が出ますが、左に進行したら逆に熱がなくなります。したがって、ルシャトリエの法則という天《あま》の邪鬼《じゃく》な反応は、熱がなくなる方向、すなわち左に進行するのです。せっかくできたアンモニアが分解されて、窒素と水素に逆戻り。つまり、アンモニアをせっせと作るためには、加熱してはいけません。

また、反応容器にたくさんの気体を入れて圧力を高めると、ドラ息子反応は圧力を低くするように変化します。要するに気体の量を少なくするのです。そのためには、反応を右に進行させればよいことになります。気体の分子数は左辺の4個（窒素1個＋水素3個）から右辺の2個（アンモニア）に減少します。つまり、アンモニアを作るためには高圧で反応すればよいのです。

量をとるか、効率をとるか

ということで、ハーバー・ボッシュ法に従ってアンモニアをたくさん合成するためには、高圧、低温で行なうということになります。

ところが、前節で「400〜600℃、さらに200〜1000気圧」と述べたように、ハーバー・ボッシュ法は高圧、高温で行なうもの。これが化学の複雑さであると同時に、面白さでもあります。というのは、反応速度が関係しているのです。

すなわち、温度を下げると、反応速度が下がります。一般に、反応温度が10℃下がると、反応速度は半分になると言われています。ということは、室温20℃で10時間かかる反応であれば、10℃で反応を行なえば20時間、0℃なら40時間もかかるということです。

もし、ハーバー・ボッシュ反応を効率優先で低温（例えば0℃）ですれば、最終的なアンモニアの収量はルシャトリエの法則に従って多くなるでしょう。ところが、それが得られるまでの時間は非常に長くかかり、いつまで経っても製品ができないことになってしまうのです。

そのため、最終収量よりも、時間当たりの収量を取るという妥協の結果として、ハーバー・ボッシュ法では「高温」を採用しているのです。

03

「超伝導」がリニアを動かす!

【超伝導】

特定の物質(金属、化合物など)を非常に低い温度まで冷却したとき、電気抵抗が急激にゼロになる現象のこと。

電流の話を学校で習っていて、何かヘンだと思ったことはありませんか？　電流とは、電子の流れのことですが、「電子がA→B」と流れるとき、電流は「B→A」に流れた、という約束になっています。思わず「？」が浮かんでしまいますが、これは、まだ電気の流れがよくわからなかった頃のなごりです。

昔は「電流はプラスからマイナスに流れる」としていたところ、実は電流は電子の流れで、「マイナスからプラスに流れる」とわかりました。しかたなく辻褄《つじつま》を合わせるために、「電流と電子の流れは逆向きだ」と教えているのです。

実にややこしい電流ですが、これを流しやすい材料が「金属」です。金属がよく電気を流す理由は、「金属結合」という結合方式にヒミツがあります。

自由気ままに放浪する「自由電子」

金属結合の特色は、「**自由電子**」と言われる特殊な電子が存在することです。すなわち、金属原子は結合時に、電子の一部を放出することで、プラスに荷電した金属イオンとなります。放出された電子は、それまで属していた金属原子（の原子核）の束縛を離れ、自由気ままに他の原子のもとを訪れては離れる、という放浪の旅をします。そのために自由電子と言われ、金属の伝導性の原因となっています。

ところが、このような自由電子の移動を妨げるのが「**金属イオン**」です。この金属イオンがジッと静止していれば問題ないのですが、振動して動き出すと電子は移動しにくくなります。すなわち、電気は流れにくくなるのです。

例えば、小学校の教室で先生が机の間を通るときをイメージしてください。子供たちが大人しくしていれば自由に通ることができますが、騒いで手を出したり足を出したりしたら、先生は邪魔されて移動できません。自由電子の移動も同じです。

金属イオンにおける、この振動運動の激しさは絶対温度に比例します。つまり、金属は

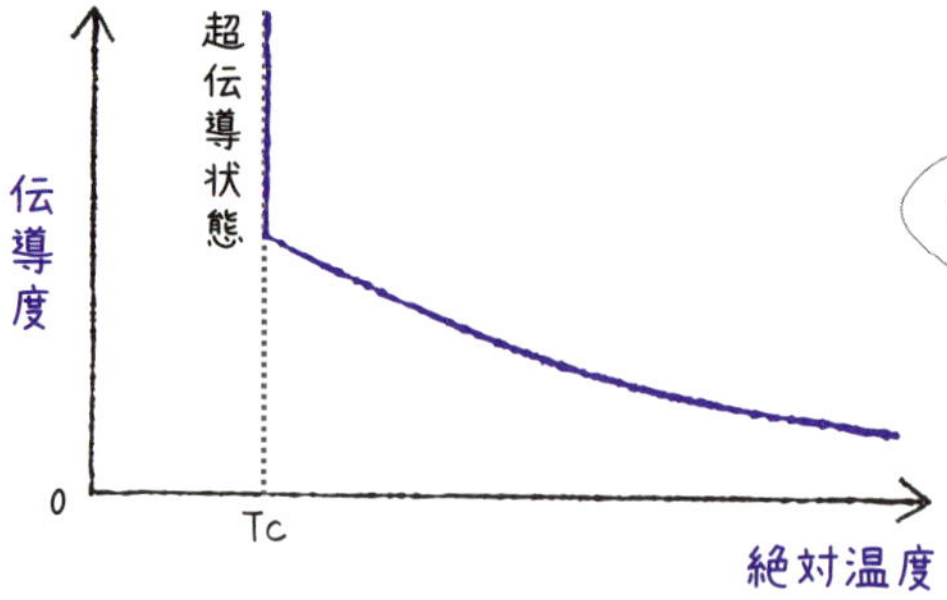

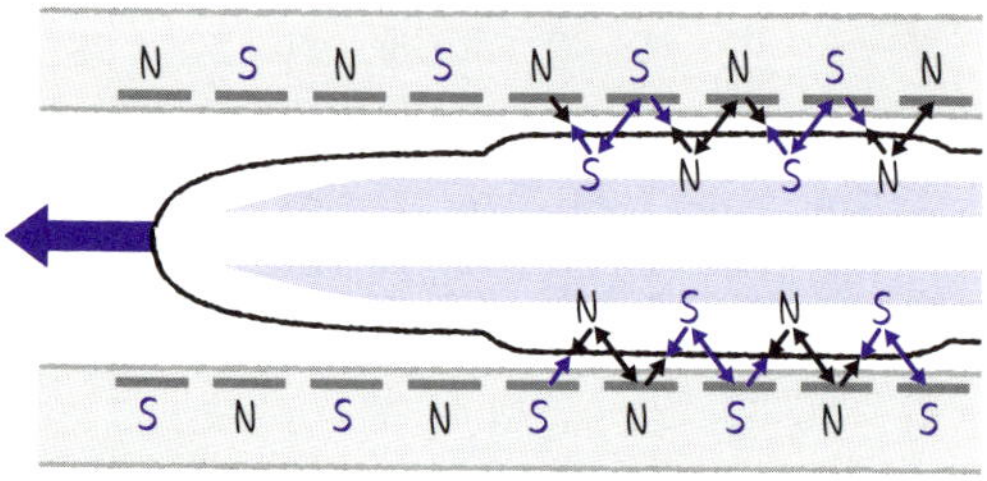

温度が高いほど電気が流れにくくなり、逆に温度が低いほど流れやすくなるのです。

突如、抵抗がゼロになる温度

上のグラフを見ると、低温になるほど電気が流れやすくなる（伝導度）ことが示されています。そして、ある温度、つまり臨界温度（Tc）に達すると、突如として伝導度が無限大となります。すなわち電気抵抗が0となるのです。これが「**超伝導状態**」です。

超伝導状態では、コイルに発熱ゼロで大電流を流すことができるため、非常に強力な電磁石を作ることが可能となります。これが「**超伝導磁石**」です。例えば、リニア新幹線は車輪とレールの間の摩擦を避けるため、車体を空中に浮かせて走ります。この車両を浮かせる力、車両を前へ推進させる力は、超伝導磁石による強力な反発力・吸引力なのです。

また、Ｘ線では頭蓋骨で囲まれた脳の様子を見ることができませんが、ＭＲＩは磁力線を用いて見ることができます。これもまた、超伝導磁石がなければありえない技術です。

このように有益な超伝導ですが、問題点は臨界温度が低いこと。つまり、超低温にならないと、超伝導状態になりません。例えば、10Ｋ（ケルビン。絶対温度の単位）以下、すなわち零下263℃以下です。このような極低温を実現するためには、液体ヘリウム（沸点４Ｋ）が必須です。しかし、アメリカの一手販売の状態からカタールやアルジェリアが供給国の仲間入りを始めたものの、将来的なヘリウム不足が心配されています。

ヘリウム不要の超伝導物質はいずこへ

そこで、液体ヘリウムを使わずに済む、例えば液体窒素などの温度（77Ｋ、零下196℃）で超伝導状態になる物質（高温超伝導体）の開発が積極的に行なわれています。実は、このような素材は既に複数種類が開発されており、最も高い温度のものは臨界温度165

K（零下108℃）を誇ります。ところが、これらはすべて金属酸化物の焼結体と呼ばれるもので、残念なことにコイルに成形できません。つまり、電磁石の材料にならないのです。

しかし、最近では鉄の合金を用いた高温超伝導体の研究も進んでいます。近い将来、液体窒素温度での超伝導が可能となれば、活用も大幅に増えてくるでしょう。

04

ポリ袋のメカニズム「共有結合」

【共有結合】

結合する２個の原子が１個ずつの電子を出し合い、それを共有することで成立する結合。原子ごとに結合の本数と、結合の間の角度が決まっている。

「高分子」という名前を聞いたことがなくても、「ポリ袋」ならば馴染みがあると思います。

このポリとは、「高分子」という意味です。ゴミ出しのときに新聞を縛るひものポリプロピレン、水を入れるポリバケツ（これは商標です）、スーパーのポリ袋……これらのポリ○○は、一般に「プラスチック」と呼ばれていますが、実はすべて高分子のことです。

高分子は人工的なものばかりではありません。でんぷん、タンパク質、さらにはＤＮＡも高分子です。ふだん意識していませんが、私たちの体や身のまわりで役立っているものも、高分子という「構造」で

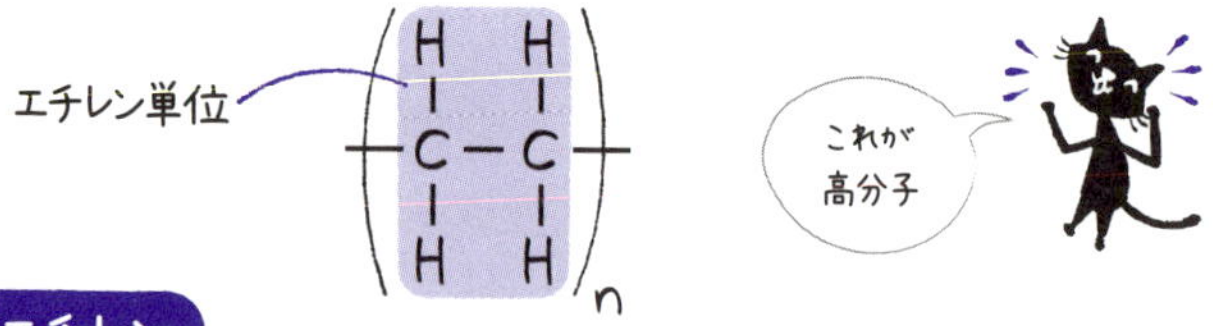

ポリエチレン

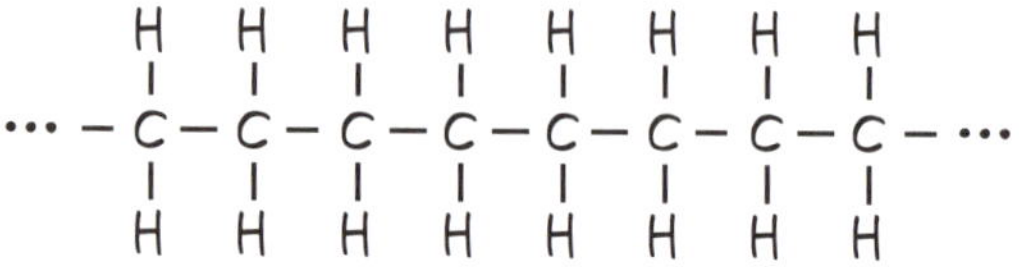

できているのです。

長〜く、繰り返しつながっている「ポリ〇〇」

高分子とは、例えば上図のような形をしています。これはポリエチレンという高分子の構造です。カッコの中はC（炭素）が2個、H（水素）が4個、細い線でつながっています。よく見ると、水素は1本、炭素は4本の線で結合しています。これが「エチレン単位」と呼ばれるものです。エチレン単位のままだと「**低分子**（分子量が少ない）」と言うのですが、カッコの外の「n」がくせものです。

これは「カッコの中のものをn回繰り返す」（実際には数百〜数千回以上）という意味で、これによって「**高分子**（分子量が多い）」となるのです。

つまり、「ポリ〇〇」という高分子は、ポリエチレンであれば「エチレン単位がたくさん繰り返され

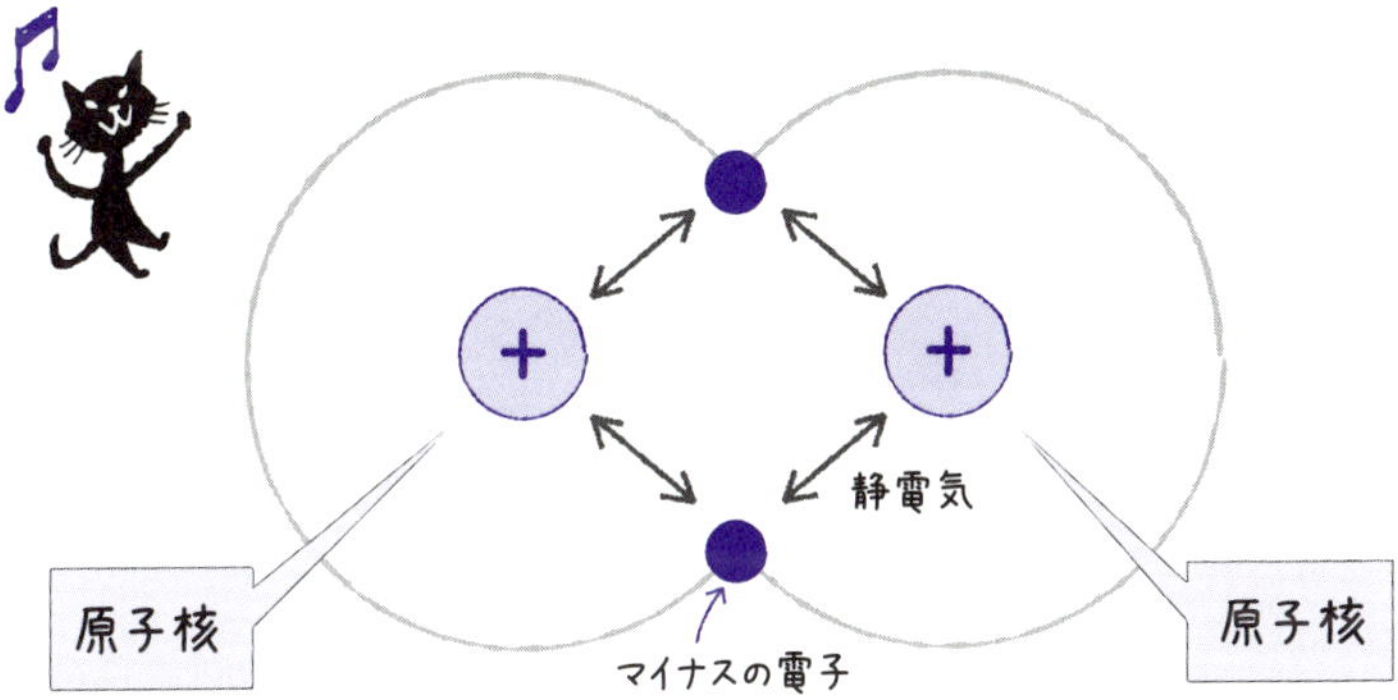

ているもの」、ポリスチレンなら「スチレン単位がたくさん繰り返されているもの」ということ。このような結合の仕方を「**共有結合**」と呼び、生物や工業品などの有機化合物を作る結合として知られています。

共有結合には一重結合、二重結合、三重結合、共役二重結合など、多くの種類があり、それがCの手が4本、Hの手が1本の理由なのです。

なぜ、仲の悪い夫婦は別れない？

私たちの体を作っている、高分子という構造をさらに見ておきましょう。共有結合でできた最も簡単な分子は水素です。水素原子は一番シンプルな原子で、たった1個の原子核と、たった1個の電子からできています。当然ながら、原子核はプラスに、電子はマイナスに荷電しています。上図は水素分子の結合の様子を表わしたものです。

プラスに荷電した原子核同士の強い反発があるので、2個の水素の原子核が近づいて分子を作るということは、本来はあり得ないはずです。ところが、そんなことが実際に起きるのです。

その秘密は、2個の電子が2個の水素原子核の中間領域に存在していること。その結果、プラスに荷電した原子核と、マイナスに荷電した電子雲の間に「静電引力」が発生します。この関係は、仲の悪い夫婦（原子核2個）が2人の子供（電子2個）がいるので離婚できないようなものです。こうして、夫婦は子供たち2人を媒介として結合しているというわけです。

これが、2個の水素の原子核がくっついている理由です。共有結合の結合力の源であり、電子雲をノリにして原子核が結合しているようなものです。

原子の握手で結合方式がわかる

共有結合は、模式的に原子間の握手と考えることもできます。握手する手を「**結合手**」と言います。通常、人間同士は片方の手を出し合って握手しますが、特に親愛の情が深いときには2本ずつの手を出し合って二重の握手をします。

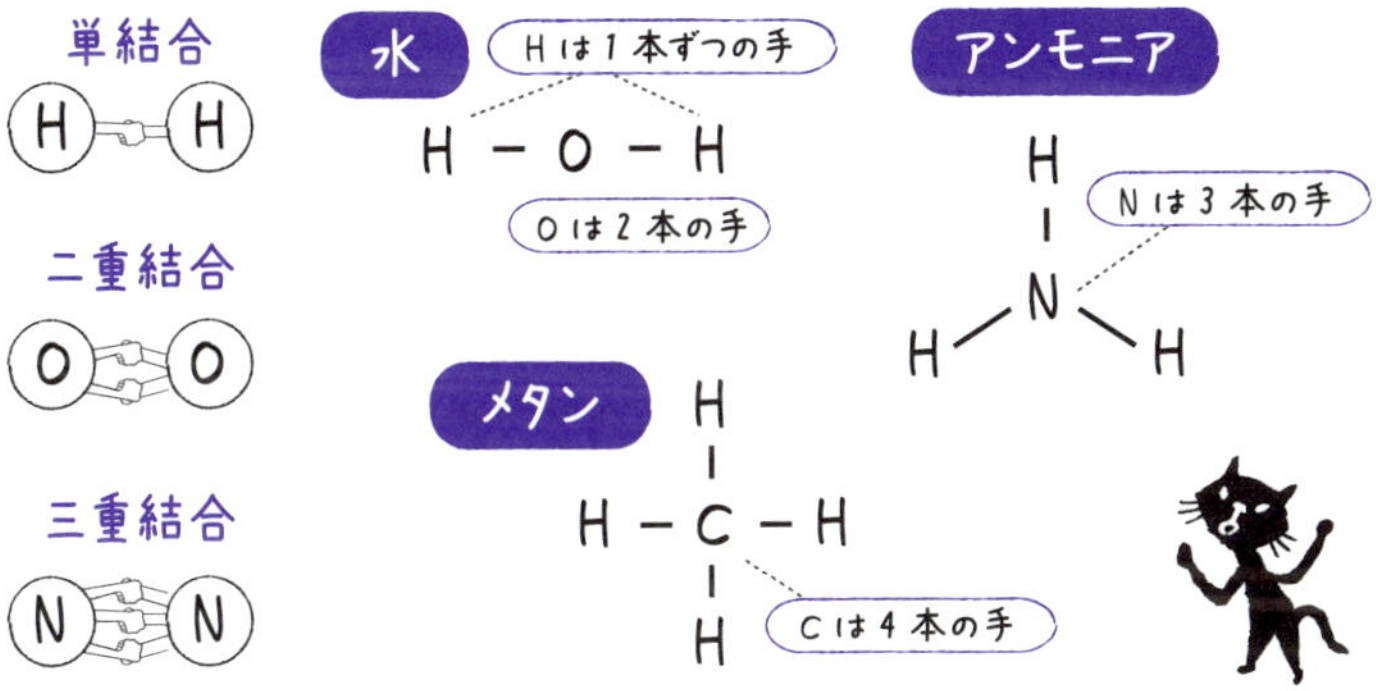

原子の握手も同様です。違いは、原子によって結合手の本数が異なるということ。水素は手が1本しかないため、握手は1本の手でしかできません。酸素は2本あるので、ガッチリと2本の手で同じ相手と握手をしたり、2つの原子と同時に握手したりすることができます。この手が2本の酸素と、1本の水素が結びつくときは、水素2個（H_2）、酸素1個（O）で結びつくしかありません。これが水（H_2O）です。

窒素（N）は手を3本持っています。ハーバー・ボッシュ法でできるアンモニア（NH_3）は窒素の手が3本、水素は1本なので、そのような結びつきになるのです。そのときは、窒素原子を中央にして、そこに3個の水素を結合させることになります。

最近話題のメタンハイドレートや、アメリカでたくさん掘られているシェールガス、都市ガスに使われている天然ガスの主成分メタン（CH_4）は、結合手が４本もある炭素（Ｃ）が中心となって、４個の水素と結合して分子を作っています。

05

「蒸気圧と沸点上昇」——味噌汁の火傷は怖い？

【蒸気圧と沸点上昇】

溶媒に不揮発性の溶質を溶かすと、溶媒だけのときよりも蒸気圧降下が起き、溶液の沸点が上昇する。

昔から「味噌汁で火傷《やけど》をすると、大火傷になる」と言います。なんだか大袈裟な話ですが、ウソではありません。実際、野口英世が幼い頃、囲炉裏《いろり》に掛けた鍋の味噌汁が手にかかって左手に大火傷を負いました。

ところで、プールで泳いだ後の水着と、海水浴で泳いだ後の水着では、どちらが乾きやすいでしょうか？　実は、この水着の乾きやすさと味噌汁の火傷は、大いに関係があるのです。

飛び出す分子、出戻る分子

分子は互いに引き寄せ合っています。この分子が互いに引き合う力を「**分子間力**」と言います。味噌汁のような液体を構成する分子も、分子間力で互いに引っ張り合って液体中に留まっています。

しかし、分子は運動エネルギーを持って、分子運動をしています。その結果、互いに衝突して特定の分子に運動エネルギーが集中することがあります。すると、その分子は分子間力を振り切って空気中に勢いよく飛び出します。これが蒸発、あるいは揮発です。テーブルにこぼした水が乾くのは、このような現象に基づきます。飛び出した分子の中には、空気中で少し漂った後、またもとの液体に飛び込んで来る慌て者もいます。

このように液体の表面は「飛び出す分子・飛び込む分子」で大賑わい。通常の状態では、飛び出す分子の個数と飛び込む分子の個数が等しいため、液体の量は変わりません。これは、前にもご説明した「平衡状態」ですね。

蒸発したい分子と邪魔する分子のせめぎ合い

空気中に飛び出した液体分子を「蒸気」と言い、この蒸気の示す分圧を「蒸気圧」と言います。分子運動は温度とともに激しくなるので、それに伴って飛び出す分子も増えます。当然の帰結として、蒸気圧は温度とともに上昇します。

この蒸気圧が大気圧（1気圧）に等しくなった温度を、「沸点（沸騰する温度）」と言い

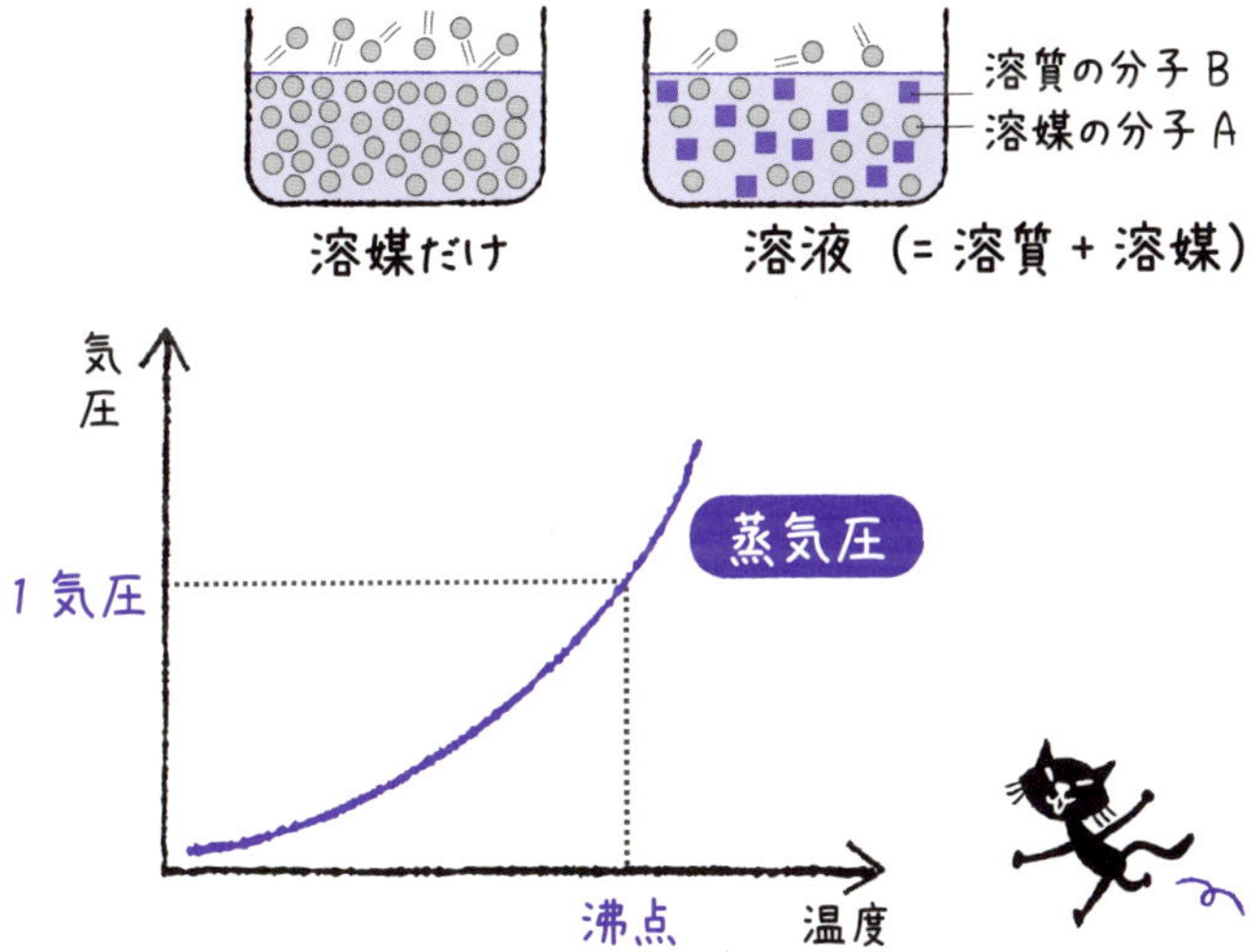

ます。沸点になると、液体は表面からだけでなく、内部からも分子が気体になって揮発します。沸騰状態の鍋の底から泡（水の気体）が出るのは、このような理由です。

蒸発は分子が液面から飛び出すことでした。ですから、もし分子間力が同じ程度の分子なら、軽い分子ほど飛び出しやすい（蒸発しやすい）ことになります。

いま、蒸発しやすい分子Aからなる液体（溶媒）に、蒸発しにくい分子B（溶質）を混ぜた溶液を作るとします。すると、溶液の表面には分子Aと分子Bが並び、分子Aは分子Bの間を擦り抜けて蒸発しなければなりません。分子Bに邪魔される分だけ、蒸発のチャンスは少なくなります。

水は100℃で沸騰するけれど…

海水に濡れた水着と、真水に濡れた水着を考えてみましょう。真水には水分子しか入っていません。水分子は簡単に蒸発する分子です。しかし、海水には3%ほどの食塩が混じっています。食塩は蒸発しにくい分子です。だから、プールの真水で濡れた水着よりも、海水で濡れた水着のほうが乾きにくいのです。

さて、「水着の乾きやすさと味噌汁の火傷とは、どう関係あるんだ?」と思った方は、次の説明を読んでみてください。水だけの場合に比べ、食塩水の蒸気圧は低くなります。食塩水の蒸気圧を大気圧に等しくするためには、どうすればいいか。水だけの場合よりも、高い温度にする必要があるのです。

つまり、水は100℃で沸騰しますが、砂糖水や塩水、味噌汁などを沸騰させるためには、100℃以上の高温にする必要があります。「味噌汁で火傷をすると、大火傷になる」と言われるのは、このためなのです。

06

「モル」の知識でガス漏れに対応する

【モル】

6×10^{23} 個の原子、あるいは分子のこと。その物質の原子量、あるいは分子量と等しくなり、気体の体積は 22.4 リットルとなる。

化学ではよく「**モル**」という単位を使います。このモル、多くの人が化学を嫌いになった元凶かもしれませんが、なぜ使われるかと言うと、実はとても便利だからです。

6×10^{23}個ある原子や分子を「１モル」と呼びます。なぜ、6×10^{23}個かと言うと、これだけの分子があると、重さ（質量）が原子量や分子量の数に「グラム」をつけたものとちょうど等しくなるからです。

例えば、原子量で言うと水素＝1、炭素＝12、窒素＝14、酸素＝16ですが、水素１モル（6×10^{23}個）は１グラム、炭素１モルは12グラムとなります。分子量も同様で、水（H_2O）1モルは18グラムになります。

この1モルを利用すると、それぞれの分子の重さ比べができます。例えば、空気の99％以上を占めている窒素と酸素の比率は「窒素：酸素＝4：1」です。窒素の分子量＝28、酸素の分子量＝32なので、空気の平均分子量は（28×4＋32）÷5＝28.8グラムとなります。

もちろん、他の気体も同じです。1モル（22・4リットル）の水素の重さは2グラムとわかります。空気の重さは先ほど計算した28・8グラムですので、「水素は空気よりも軽い」と言えます。

水より軽いものが水に浮くのと同様に、空気より軽い気体は当然、空気に浮きます。だから、水素ガスを入れた風船は空高く舞い上がります。ただし、水素は爆発性の気体で、とても危険です。そのため、人が乗る気球には水素ではなく、反応性のないヘリウムガスを入れます。ヘリウムの原子量は4ですから、気体としての重さは水素の2倍です。とは言え、空気の28・8グラムに比べれば十分過ぎるほど軽いので、気球に詰める気体として使われるのです。

気体にだって重さがある

空気より軽い			空気より重い		
名前	分子式	分子量	名前	分子式	分子量
水素	H_2	2	酸素	O_2	32
ヘリウム	He	4	二酸化炭素	CO_2	44
メタン	CH_4	16	プロパン	C_3H_8	44
水蒸気	H_2O	18	オゾン	O_3	48
青酸	HCN	27	ベンゼン	C_6H_6	78
一酸化炭素	CO	28			
エチレン	C_2H_4	28			

気体は無色透明であることが多く、その名のとおり軽いと思いがちです。しかし、気体が軽いとは限りません。何と比べて軽いか、重いかというと、「空気の重さ」です。そこで、いくつかの気体を空気の重さと比べた表を上にまとめてみました。

メタンは天然ガスとして都市ガスに用いられています。青酸（シアン化水素）は青酸カリから発生する猛毒で、これはあまりお目にかかりません。エチレンは果物の熟成ホルモンで、青いバナナにエチレンガスを吸収させると黄色く熟します。

表に挙げた気体以外は、よほど特殊なものでない限り、ほぼすべて空気より重いと思ってよいでしょう。二酸化炭素は炭酸ガスとも呼ばれるもので、有機物が燃えたときやドライアイスが溶けた（昇華した）ときに出る白い気体です。

一酸化炭素が有毒なことは知られていますが、二酸化炭素も濃度によっては危険なこともあります。例えば、自動車の室内に大量のドライアイスを持ち込み、それが昇華すると、室内が狭いだけに量によっては危険な濃度になりかねません。

しかも、空気より重い二酸化炭素は足元から溜まっていきます。シートで眠っている赤ちゃんは位置が低いので、大人よりも危険に晒される可能性が高くなります。

キャンプなどで燃料に用いるプロパンも、空気より重いことを知っておいてください。朝起きたら、プロパンガスが漏れていたという場合は危険です。窓を開けても、窓より下のプロパンガスは室内に溜まったままです。ウッカリしてタバコに火を着けようものなら、爆発しかねません。気体の重さは、意外に重要な知識なのです。

石油1キロが燃えると二酸化炭素はどのくらい？

気体の重さは、地球温暖化を知るためにも役立ちます。地球温暖化を起こす能力は、地球温暖化係数で見積もることができます。フロンの係数は数千〜1万、メタンは20以上、二酸化炭素は最低のわずか1です。ちょうど1なのは、二酸化炭素を基準にしているためです。それほど温暖化を起こす能力が低いにもかかわらず、なぜ二酸化炭素はやり玉に挙げられるのか。その最大の理由は、発生量の大きさです。

石油が燃焼したら、どれくらいの二酸化炭素が発生するのか、計算してみましょう。いま、20リットルのポリタンク1杯の石油を燃やすとします。20リットルの石油は、比重（0・79）を考えると、ほぼ16キロの重さとなります。

石油の構造は正確には$H\text{-}(CH_2)_n\text{-}H$ですが、簡略化して$(CH_2)_n$とします。これが1分子燃えると、水とともにn分子の二酸化炭素が発生することになります。

$$\underset{14n}{(CH_2)_n} + O_2 \rightarrow \underset{44n}{nCO_2}$$

燃焼に伴う分子量の変化を見てみましょう。燃える前の石油の分子量は14nで、燃えた後に発生する二酸化炭素の分子量は44nとなります。これが石油の燃焼に伴う重量の変化です。つまり、石油14キロが燃えると、その3倍近い44キロの二酸化炭素が発生するのです。20リットルのポリタンク一杯の石油が燃焼すると、成人女性の体重ほどの50キロもの二酸化炭素が発生することになります。10万トンタンカー一杯分が燃えたら、二酸化炭素は30万トンです。

このように、炭素を燃焼すると膨大な量の二酸化炭素が発生します。その最たるものが、世界中で行なわれている化石燃料の燃焼です。

このような化学の知識があると、ガスが漏れたときの対応、あるいは温暖化についても具体的な数字で考えることができるのです。

07

「ヘンリーの法則」——コーラの蓋を開けるとなぜ泡が出る？

【ヘンリーの法則】

一定量の液体に溶ける「気体の質量」は「圧力」に比例する。

日常生活でよく体験することですが、砂糖や食塩は水によく溶けます。ところが、油やバターは水に溶けません。この違いは何が原因で起こるのでしょうか。

ズバリ、砂糖や食塩は水に似ており、サラダオイルや石油は水に似ていないからです。似たものは溶け、似ていないものは溶けないという理屈なのです。

似たものは似たものを溶かす

同じ液体である石油やサラダオイルが水に似ていなくて、固体である砂糖や食塩が水に似ているとは、いったいどういうことでしょうか。

この「似ている／似ていない」という話は、外見はもとより、もちろん味や匂いのことでもありません。分子構造の話をしているのです。水の分子構造はH－OHで、水素とヒドロキシ基（OH）が結合したもの。また、水はHがプラス、Oがマイナスに荷電した極性（イオン性）構造をとっています。つまり、①ヒドロキシ基を持ち、②イオン性の構造をしています。

固体の食塩は、Na^{+}という陽イオンとCl^{-}という陰イオンからなるイオン性の分子です。したがって、「イオン性（②が同じ）」で水と似ているから、食塩は水に溶けるのです。

また、砂糖も水と似ています。一見すると砂糖は有機物であり、無機物である水とは似ていないように思えます。しかし、砂糖の分子構造を見てみると、1分子に8個ものヒドロキシ基（OH）を持っています（①が同じ）。そういった意味で、水と似ているから溶けるのです。

それに対して石油はどうでしょうか。石油は炭素と水素だけからできた分子で、OH原子団も持っていませんし、イオン性でもありません。だから、水に溶けないのです。

「似たものが似たものを溶かす」という最良の例は金でしょう。金は王水（硝酸と塩酸を1：3にした混合物）以外に溶けないことで有名です。しかし、その金も、金属には溶けます。すなわち液体金属である水銀には溶けて、金アマルガムというドロドロの物質になります。ただしこれは、溶液ではなく合金の一種です。

日本酒はエタノールの水溶液?

溶液を作る場合、溶かすものを「溶媒」、溶かされるものを「溶質」と言います。水に砂糖を溶かしたら、水が溶媒、砂糖が溶質です。

砂糖や塩が代表的な溶質ですが、溶質は必ずしも固体とは限りません。液体の場合もあります。ただし、この場合は両方とも液体になるので、どっちが溶かしたのか、溶かされたのかがはっきりしません。そこで、量の多いほうを溶媒、少ないほうを溶質としています。これなら、理解しやすいでしょう。

例えば、日本酒（15度のアルコール度数の場合）は体積の15%がエタノールで、水が85%ですから、水が溶媒、エタノールが溶質となり、「日本酒はエタノールの水溶液」ということになります（こう言うと、味も素っ気もありませんが）。

度数の高いお酒、例えば70度のウォッカの場合はどうでしょうか。体積の70%がエタノールですから、水は30%。よって、エタノールが溶媒、水が溶質と逆転し、「水のエタノール溶液」ということになります。

気体は高圧ほど液体に溶ける

　砂糖や塩のような固体が水に溶ける。さらには、アルコールのような液体も、水に溶ける。とすれば、気体も溶けるのでは……？

　そのとおりです。コーラなどの炭酸飲料には二酸化炭素がタップリ溶け込んでいます。意外かもしれませんが、普通の水にも空気が溶け込んでいます。魚は水に溶け込んだ空気で呼吸をしているのです。

　ところで、砂糖のような固体は、温度が上がれば上がるほど、水の中に溶ける量が増えます（溶解度と言う）。ところが、気体の場合は逆で、温度が上がれば上がるほど、気体の溶ける量は減っていきます。したがって、冷たい水ほど空気（酸素）がいっぱい溶け込んで豊富で、反対に温かい水ほど酸素不足です。夏になると池の魚が大量に死ぬ原因の1つは、水温が上がって酸素不足になるからです。

　この気体の溶解度は温度だけでなく、圧力も関係してきます。つまり、**一定量の液体に「溶ける気体の質量」は「圧力」に比例する**ということ。これを「**ヘンリーの法則**」と言います。

　炭酸飲料のビンのフタを開けると、泡が出るのはこのせいです。フタをされているときはビンの内部は高圧に保たれているため、多くの二酸化炭素が水の中に溶け込んでいます。しかし、いったんフタを開ければ一気に1気圧まで下がり、高圧で閉じ込められていた二酸化炭素が1気圧では溶けきれなくなって、泡となって出てくるのです。せっかくの努力も水の泡ということです。

Column

ヒンデンブルク号と水素ガス

１９３７年、ニューヨークのレイクハースト空港で、世紀の爆発事故が起きました。ドイツから大西洋を横断して飛行してきた、巨大飛行船ヒンデンブルク号の爆発です。当日は、あいにくの雷雨模様だったと言います。係留搭につながれ、乗客がエレベーターで地上に降りようとしていたとき、突如、尾翼附近から爆発が起こり、瞬く間に炎上落下。乗員乗客97人中35人、地上作業員１人、合計36人が亡くなったのでした。

ヒンデンブルク号はアルミニウム合金で作った骨格に外皮をかぶせ、中に軽い気体を入れたものでした。この気体がなんと、水素ガスだったのですから、いまから考えると驚きです。水素ガスは爆発性の気体です。静電気であれ、落雷であれ、火が出たらひとたまりもありません。

このような事故は、現代では決して起こり得ません。それは人が乗る飛行船に水素ガスを詰め込むことなど考えられないからです。現在、飛行船にはヘリウム（不活性、つまり不燃性）を詰めるのが常識です。

では、なぜヒンデンブルク号にはヘリウムを詰めなかったのでしょうか？　それは、ドイツでヘリウムが産出されなかったからです。ドイツがアメリカから買おうとしたのですが、断られたという話があります。

当時のドイツはヒトラーの支配するナチス・ドイツです。原爆の開発実験をしていたとも言います。そのような国に、超低温媒体のヘリウムを渡したらどうなるか。そのように考えたのかもしれません。

第2章

ぼくらのテクノロジーを育んだ「化学」

01

太陽の光を電気に変える「光電効果」

【光電効果】

物質に光を照射すると、物質の表面から電子が放出される。

3・11の東日本大震災以来、原子力発電には逆風が、自然エネルギーには追い風が吹いています。風力発電や地熱発電などが代替エネルギーの候補に挙がりましたが、やはり最も注目されているのは「太陽光発電」です。

太陽光発電は半導体に太陽の光が当たると、電気に変換されるという、とてもありがたいしくみ。これを「**光電効果**」と言います。

ふだんの生活では、電気のスイッチを入れると部屋が明るくなります。すなわち、「電気エネルギー→光エネルギー」に転換しているのです。この反対の現象、すなわち「光エネルギー→電気エネル

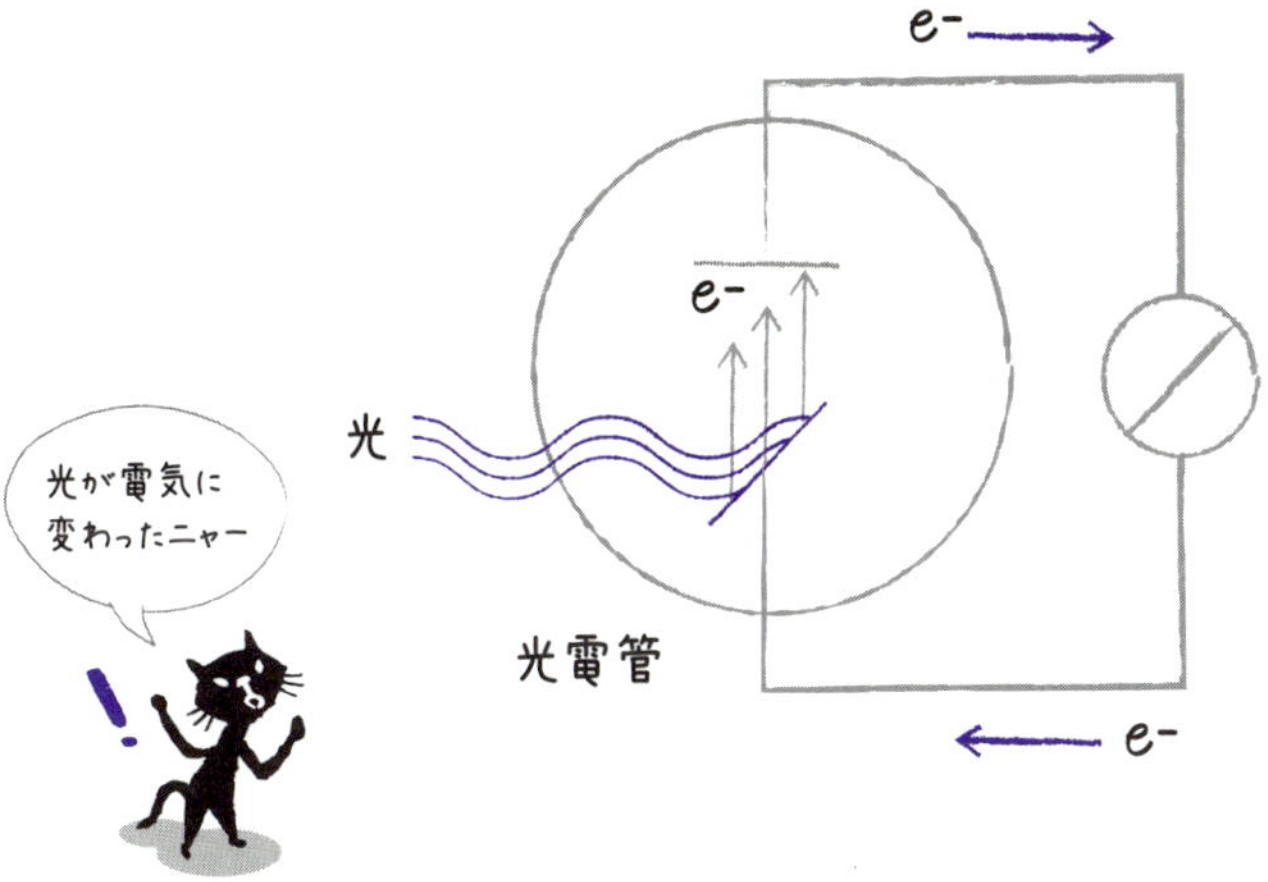

ギー」への転換のしくみこそ、太陽光発電、あるいは太陽電池と呼ばれるものの正体です。

光が当たるだけで電気に変わる

上図は「光電管」と言われるものの模式図です。昔は、トーキーという「音の出る映画」の音声再生に用いられていました。このトーキー映画の心臓部を担ったのが光電管です。光電管は現在でも光センサーとして活躍していますが、光エネルギーを電気エネルギーに換える装置、言わば太陽電池の原型です。

次ページの図のように、受光素子に光を照射すると電流が流れます。これは受光素子から電子が飛び出し、それが電流を運んだことを意味します。すなわち、光が電気に換わったのです。

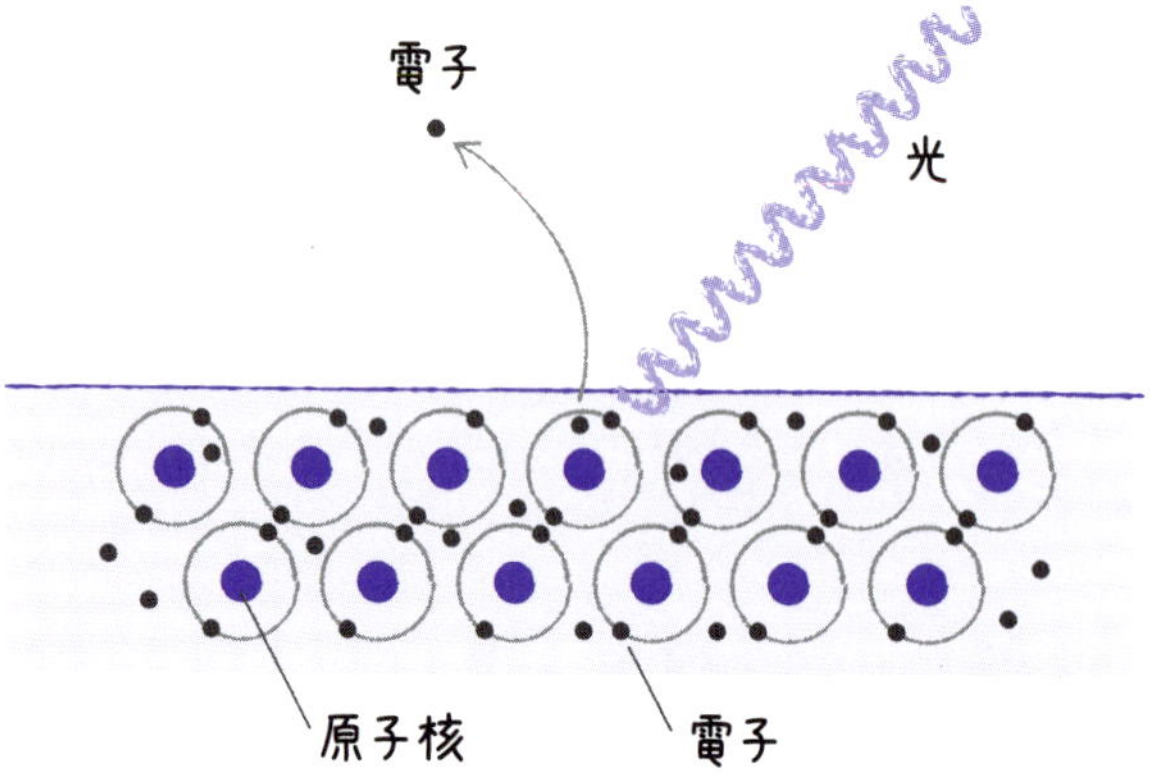

この効果はアインシュタインによって解析され、

①光は光子という粒子からできている
②光量は光子の個数に比例する

ということが明らかにされました（光量子仮説）。

アインシュタインは、この功績によってノーベル賞を受賞しました。余談ですが、アインシュタインと言えば世紀の大発見である相対性理論の生みの親です。それに比べれば、光電効果で受賞するというのは疑問が残ります。

なぜ、アインシュタインは相対性理論ではなく、光電効果でノーベル賞を受けたのか。さまざまな裏話が噂されています。相対性理論があまりに偉大な発見なので、誰もノーベル賞のことを考えつかなかったが、アインシュタインにノーベル賞を出さないわけにはいかない。すでに時機を失してしまったので、光電効果で受賞させよう、と。他にも、ユダヤ人への人種差別説、相対性理論の人類への貢献に対する疑問説など諸説あるようです。

太陽電池の可能性

光電管だけでなく、太陽電池も光のエネルギーを電気のエネルギーに換える装置です。色々な種類がありますが、一般的なのはシリコン（ケイ素）を用いたシリコン太陽電池が挙げられます。

シリコンは、もともと元素の状態で半導体の性質を持つ真性半導体と呼ばれるもの。しかし、伝導性が低いので、太陽電池に使う場合は少量の他の元素を混ぜた、不純物半導体として用います。混ぜる元素の違いによって、ｐ型半導体（ホウ素を混ぜる）とｎ型半導体（リンを混ぜる）があります。

シリコン太陽電池は、透明電極、ｎ型半導体、ｐ型半導体、金属電極を重ね合わせたものです。両半導体の接合面を、特にｐｎ接合と言います。太陽電池に光が照射されると、ｐｎ接合面から電子が飛び出し、それが電極に移動して電流となるのです。

太陽電池は多くの長所を持ちます。構造を見ればわかるように、太陽電池には可動部が

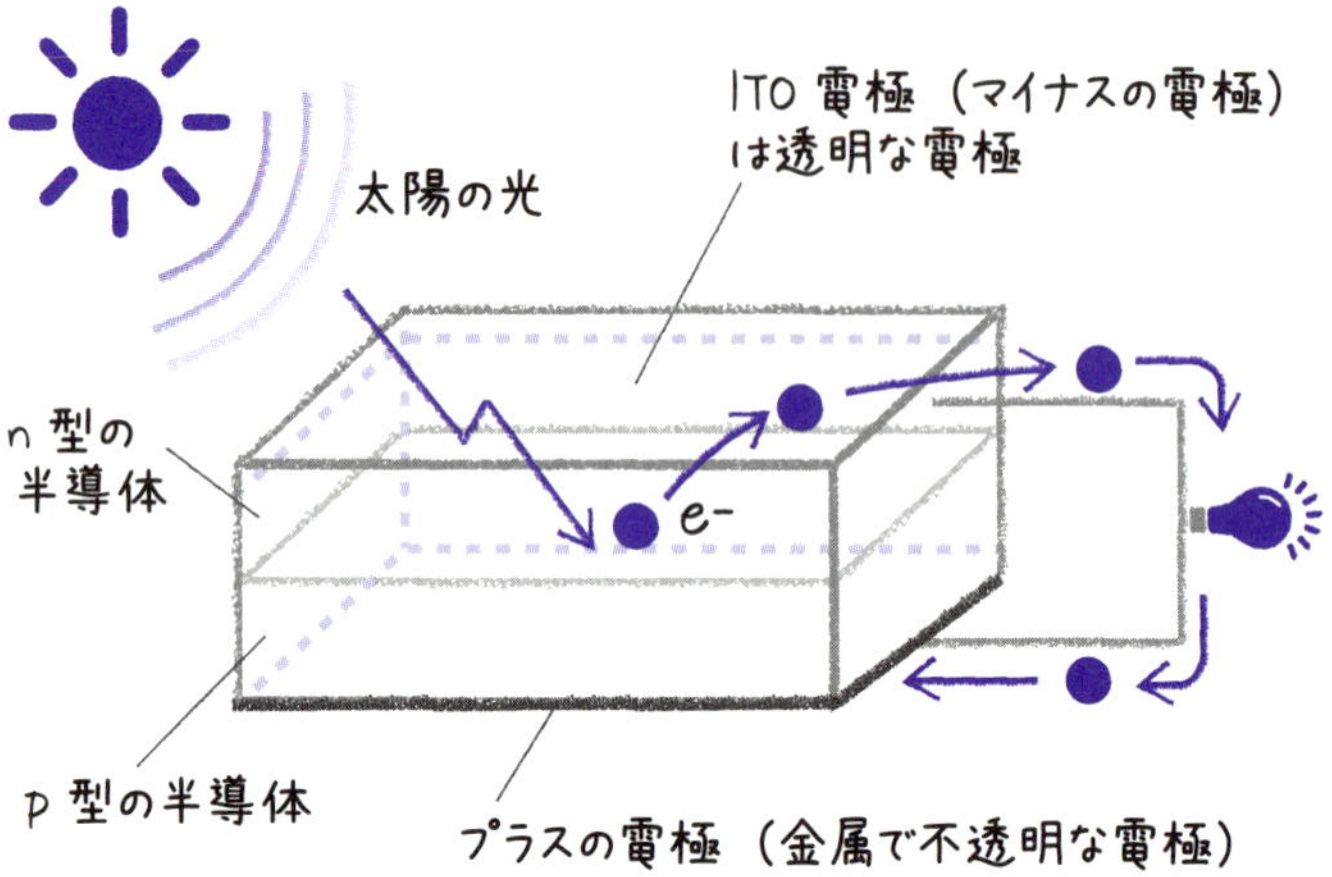

ありません。したがって、故障の起こりようがないのでメンテナンスも不要です。

また、発電に伴って消費されるものもありません。ということで、人工衛星や無人の灯台など、人の近づきにくい場所での発電が可能となります。

また、廃棄物がないのでクリーンであり、屋根の上や壁など、光が射すところであれば、どこでも発電可能なため、地産地消型のエネルギーとも言えます。

しかし、短所もあります。第一に発電がお天気まかせという点。くもりや雨では発電効率が下がります。また、高層ビルの陰などでも発電は困難です。

第二に面積当たりの発電量が少ないこと。大規模発電には広大な面積が必要になります。この問題は、太陽電池の性能の向上が期待されます。

光エネルギーをどのくらい電気エネルギーに換えたかを表わす指標に、「変換効率」と呼ばれるものがあります。現在の民生用太陽電池の変換効率は、その多くが20％に達していません。

しかし、将来、量子ドットを用いた太陽電池が開発されれば60％も夢ではないと言われています。ｐｎ接合を用いない新しい方式も考えられており、大いに期待したいところです。

02

「物質の三態」——なぜ氷の上で滑れるのか？

【物質の三態】

物質は低温で固体、高温で気体、その中間の温度では液体になる。

物質は三態に変化する

高い山でご飯を炊くと生煮えでマズくなるが、圧力釜で料理すると美味しい……。両方とも同じように水が沸騰しているのに、なぜこの差が生まれるのか。また、アイススケートの選手が氷の上で潤滑油もなく、スムーズに滑れるのはなぜか。フリーズドライも考えてみると不思議だ……。

これらには何の関係もなさそうに見えますが、その裏には、すべて「温度と圧力の魔術」があります。まずは圧力を変えながら、水を沸騰させるとどうなるか、見てみることにしましょう。

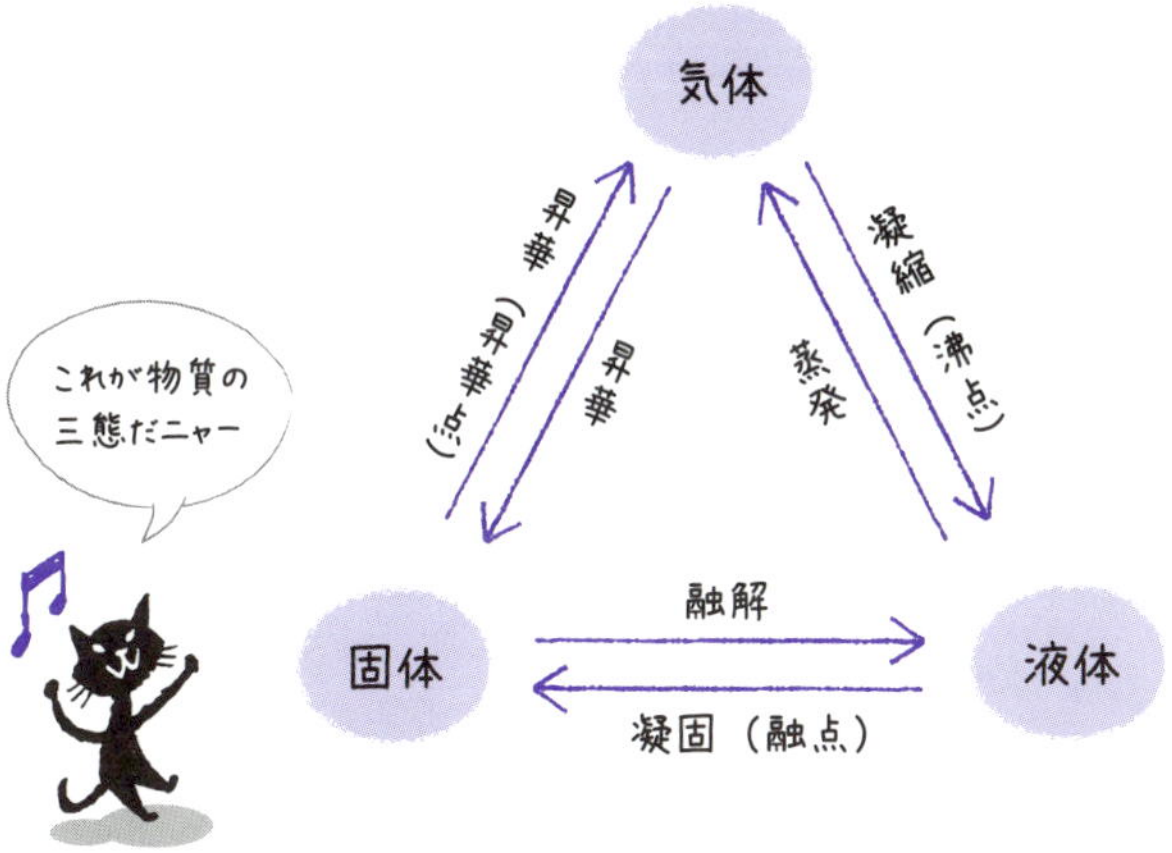

物質は、温度、圧力によって色々な状態を取ります。その中でも「固体」「液体」「気体」は典型的な状態であり、これを「**物質の三態**」と言います。状態を変化する温度は物質固有であり、特別の名前がついています。

物質は多数個の分子の集合体です。物質の状態とは、これら分子の集合状態の違いに基づくものです。固体（結晶）状態では、分子は位置と配向（方向）を一定にして、三次元に渡って整然と積み重なっています。分子は振動するものの、重心が移動することはありません。

液体状態では、一切の規則性は失われ、分子は自由に移動します。しかし、分子間距離は結晶状態とあまり変わらないので、液体の密度は結晶とほぼ同じです。

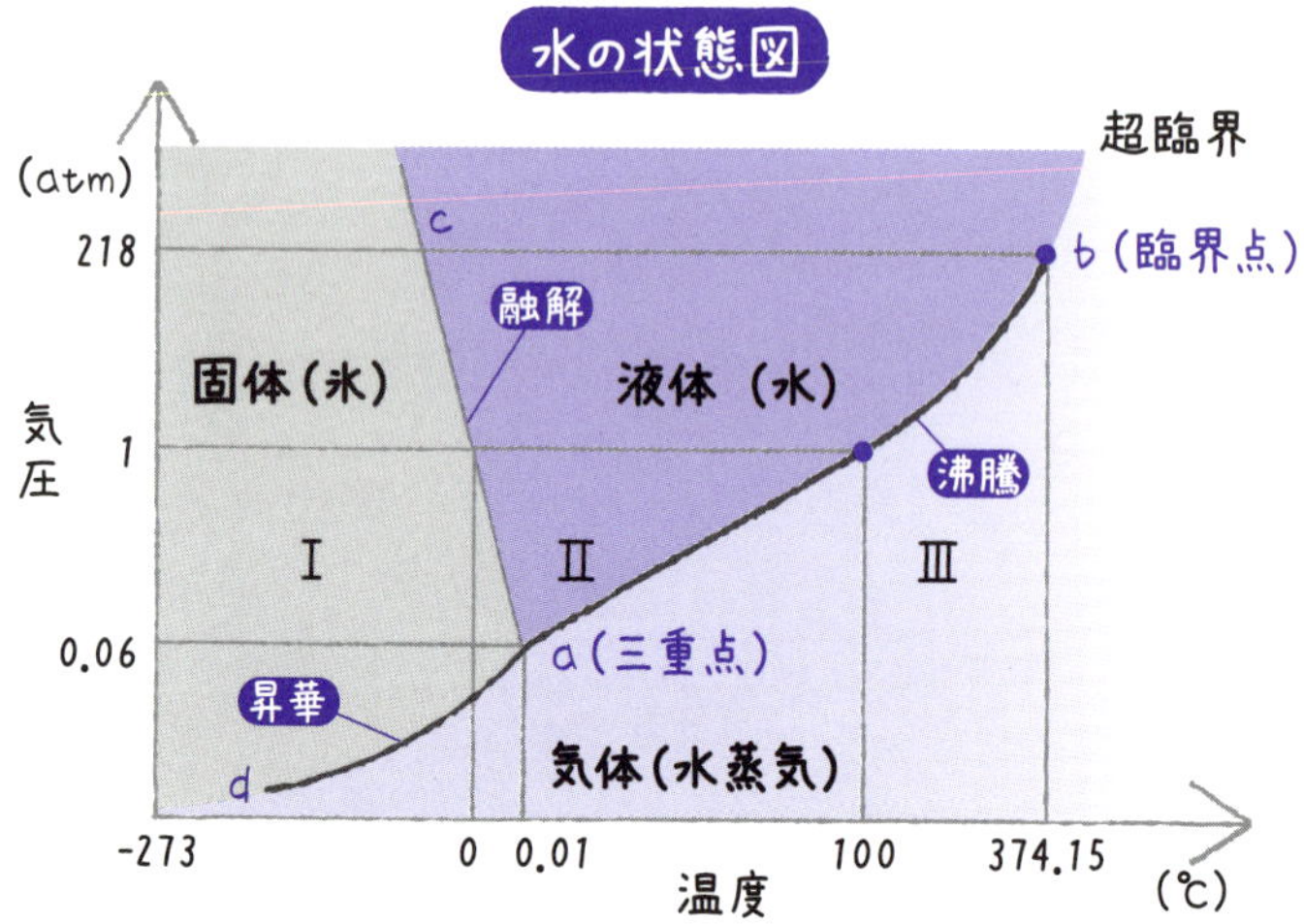

ところが、気体になると分子は時速数百kmという高速で飛び回ります。そのため、分子間の距離は非常に大きくなり、気体の密度は非常に小さくなります。

物質の状態を知るマップ

物質が圧力P、温度Tの下でどのような状態でいるかを示したものを「**状態図**」と言います。上図は水の状態図です。すなわち、圧力と温度の組み合わせによる点（P,T）が、領域Ⅰにあるときは「固体」です。領域Ⅱならば「液体」、そして領域Ⅲなら「気体」と判断します。

もし、点（P,T）が領域を分ける線分上にある場合は、線分の両脇の状態が共存します。すなわち線分ab上ならば、水と水蒸気が共存する沸騰状態であり、ａｃならば融解状態、ａｄなら昇華状態となります。

そして、点ａを特に「**三重点**」と言います。点（P,T）が点ａに重なったときは、「氷」「水」「水蒸気」の三態が同時に存在することになります。ただし、これはハイボールのカップの中で水が沸騰するようなもので、日常生活で起こることはありません。０・０６気圧の真空状態だけで起こることなのです。

気圧が低いと水は低温で沸騰する

状態図で、１気圧での状態変化を見ると、０℃で融解、１００℃で沸騰が起こることがわかります。圧力を１気圧以下にすると、沸点は低下します。水が沸騰状態にあるとき、いくら火力を強くしても、そのエネルギーは蒸発に使われてしまい、沸点以上の温度にならないのです。

これは高い山（気圧が低い）でご飯を炊くと、水が１００℃以下で沸騰し、それ以上の温度にならないことを意味します。そのため米は十分に煮えず、おいしくないというわけです。反対に、圧力鍋は高温で沸騰するため、魚の骨まで軟らかくなります。

圧力を１気圧以上にすると、融点が低下します。これは０℃では氷ではなく、水になっていることを意味します。氷盤をスケートで滑ると、エッジの下の氷を押す力は体重が加わって数気圧上昇します。その結果、氷の融点が下がって融けて水になるのです。これが、アイススケートの潤滑油の働きをすると考えられます。さらに、エッジと氷の間の摩擦熱によって溶ける分も大きいでしょう。

液体と気体の中間状態とは

線分ａｃ、ａｄは絶対温度零度の縦軸にぶつかるまで伸び続けます。しかし、線分ａｂは点ｂで終わりなのです。この点ｂを「**臨界点**」と言います。

もし、臨界点より高温高圧になると、水はどうなるのでしょうか？　そこでは沸騰という現象は起きません。簡単に言うと、液体と気体の中間のような状態で、液体の粘度と気体の激しい分子運動を併せ持ったような不思議な状態になるのです。これを「**超臨界状態**」と言います。

超臨界状態の水は有機物をも溶かす作用や、酸化作用があります。そのため、有機反応の溶媒として用いることができます。有機溶媒を使わないので、廃液などが少なくなり、環境に優しい化学、グリーンケミストリーに資するものとして注目されています。

フリーズドライの秘密

固体のドライアイスは、温度が上がると液体にならずに気体の二酸化炭素になります。このように、固体と気体の間の直接変換を「**昇華**」と言います。状態図にもあるように、水では三重点以下の気圧、温度で起こります。すなわち、氷が直接気体になるのです。

この現象を利用したのが、本来のフリーズドライです。食物を加熱せずに脱水乾燥できるので、味を損なわずに乾燥食品にすることができるのです。

03

「アモルファスと液晶」──液晶テレビの要

【アモルファスと液晶】

液体のようなランダムな構造、
液体と固体の中間形態。

前節では、物質の状態には「固体、液体、気体の三態がある」と言いました。では、それ以外の状態、言わば第4の状態は、果たしてあるのでしょうか？

答えは「ある」です。それが液晶（状態）、アモルファスなどです。いまや液晶テレビ、液晶ディスプレイなどでお馴染み。電車でも、広告が液晶ディスプレイで表示される時代です。

同じ水でも結晶状態の氷と液体状態の水では性質が大きく異なるように、同じ物質でも状態によって物性は大きく異なります。だから、液晶状態やアモルファス状態にすることで、思いがけない機能を発揮するかもしれません。そのため、三態以外の研究

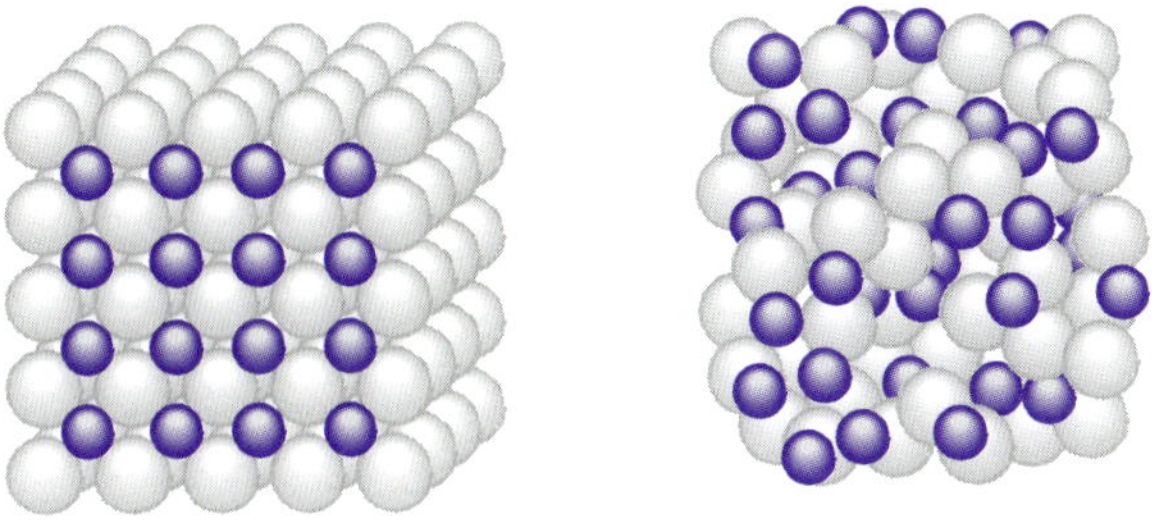

結晶　　　アモルファス

は産業面から注目されているのです。

愚図で、のろまのアモルファス

氷は加熱すると融点でサッと融け、水は冷やすと融点でサッと氷になります。これは水の分子が俊敏だからです。言うなれば、小学生が授業中は椅子に座って大人しくしている（結晶状態）けれど、授業終了のベルが鳴った途端に騒ぎ出し（液体状態）、授業開始のベルが鳴ると、もとの机に飛んで帰って、また整然とする（結晶状態）ようなもの。

では、水晶はどうでしょうか？　水晶は二酸化ケイ素の結晶です。１７００℃ほどの融点まで加熱すると、融けて液体になります。しかし、それを冷やしても、もとの水晶にはならず、ガラスになります。

なぜ、もとに戻らないかと言うと、二酸化ケイ素の分子の動きが遅いからです。冷えて融点になっても、サッと机に戻れません。グズグズしている間に温度が下がり、運動エネルギーを失って、その場でバタンと倒れます。すなわち、ガラスは液体状態で固まったものなのです。このような状態が「**アモルファス**」です。

金属は微結晶が集合したもので、結晶状態です。しかし、アモルファスにすると耐酸化性が増したり、磁性が出ることもあります。日本のお家芸である強力なネオジム磁石作りには、レアメタルやレアアースが欠かせませんが、その入手が困難になる中、もしアモルファス金属で磁石を作れるとなると、将来に大きな期待がかかってきます。

と言っても、金属は結晶化しやすいので、アモルファスにするのは大変困難です。しかし、最近では合金を用いてバルク（塊）状のアモルファス金属を作る技術も開発されています。産業界にとっては、将来が楽しみな材料です。

液晶はメダカの学校にそっくり

液晶は、携帯電話や薄型テレビの画面として、現代の生活になくてはならないものになっています。しかし、間違ってはいけないのは、「液晶」は物質名ではなく、結晶や液体と同じように物質の「1つの状態」であるということ。

液晶状態の分子は、液体分子のような流動性を持って動き回ります。そして、すべての

状態		結晶	柔軟性結晶	液晶	液体
規則性	位置	○	○	×	×
	配向	○	×	○	×
配列模式図		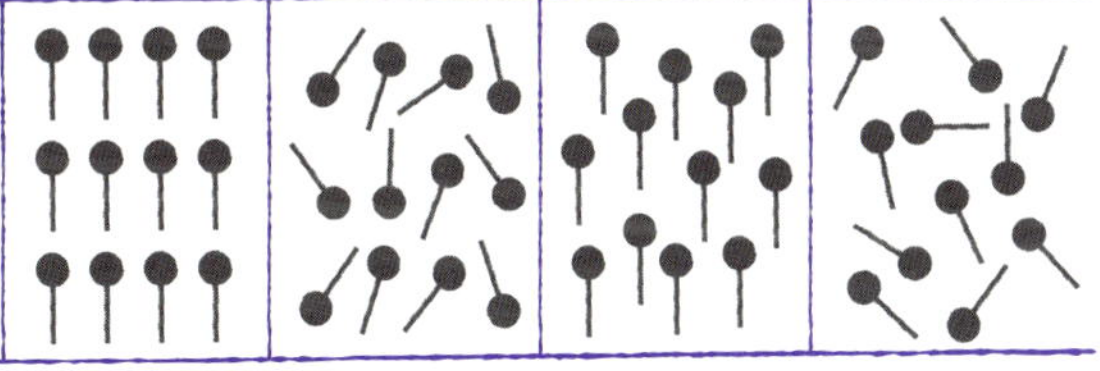			

4状態における分子配列状態

分子が同じ方向を向いているのです。まるで、流れに流されないように、すべて同じ向き（上流）を向いて泳ぐメダカのようです。

もちろん、すべての物質が液晶状態をとることができるわけではありません。特殊な分子だけが、「一定の温度範囲」でとる状態、それが液晶状態なのです。この特殊な分子を、特に液晶分子と言うことがあります。一般に、液晶分子はヒモ状の長い分子構造を持っています。

上図は、物質を加熱した場合の状態変化を表したものです。普通の分子は低温で結晶で、融点で液体になり、沸点で気体になります。

液晶分子も低温では結晶であり、融点で融けます。しかし、液体にはなりません。液体のような流動性はあるけれど、液体と違って透明性がない状態のことを「液晶状態」と言います。

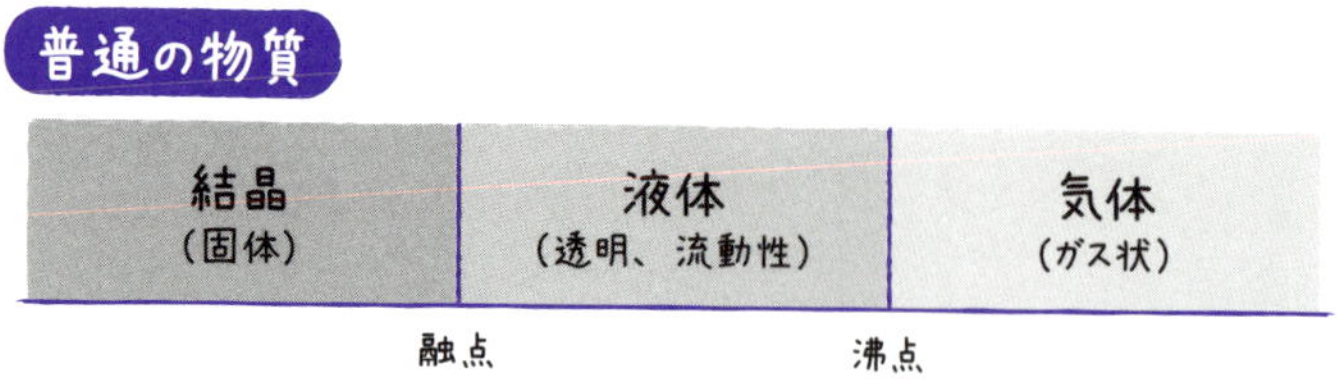

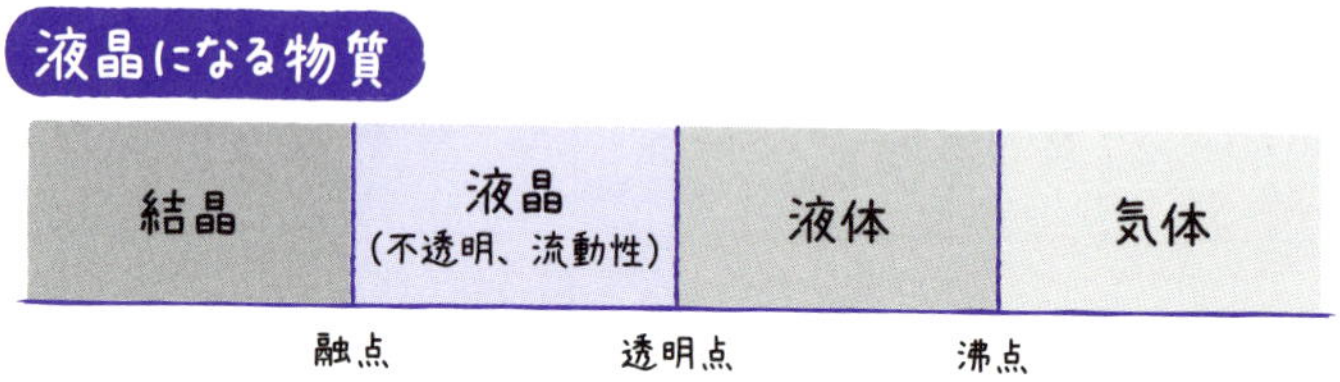

すなわち、液晶状態は「融点―透明点」という温度範囲だけで現れる非常に特殊な状態なのです。さらに加熱すると、透明点で透明な液体になり、沸点で気体になります。ですから、携帯電話をマイナス何十℃という極寒の状態に置けば、画面がフリーズ（凍結）する可能性があります。

04

LEDと有機ELが光る「自発光の原理」

【自発光の原理】

電子が励起状態から基底状態に戻るときに放出するエネルギーが「光」となる現象。

蛍光灯や白熱灯の時代が終わり、いまやＬＥＤが世界の照明市場を席巻しています。また、有機ＥＬは次世代テレビの覇権を液晶と競っています。はからずも、どちらも日本の研究者の貢献が大きい技術です。

電子は高層マンション住まい

太陽電池、ＬＥＤ、有機ＥＬはよく似ています。これらの現象で基本的なことは、エネルギーは電子の軌道間遷移によって吸収され、放出されるということ。

原子にせよ分子にせよ、粒子は電子を持っており、

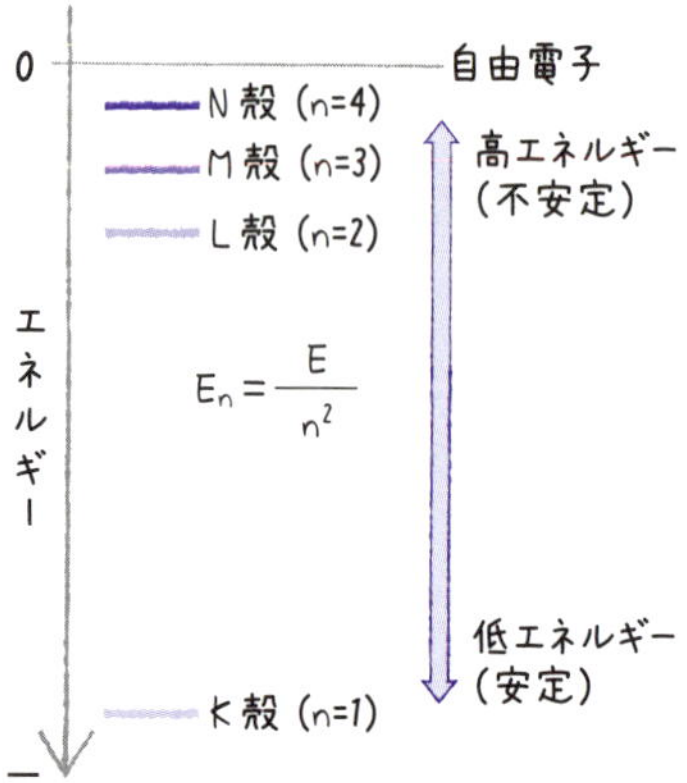

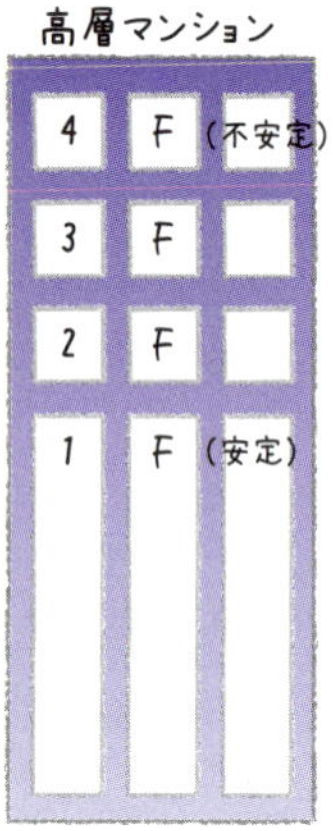

その電子は「軌道」と呼ばれる部屋に入っています。この部屋は高層マンションのようなもので、低い部屋から高い部屋まで、たくさんあります。低い軌道は軌道エネルギーが低く、高い軌道は軌道エネルギーが高くなっています。普通の状態の電子は、低い軌道に入っています。これがエネルギー的に安定な状態（**基底状態**）です。

熱となるか、光となるか

原子や分子にエネルギーが注入されると、電子がそれを受け取って利用し、上の部屋に移動（遷移）します。これが高エネルギーで不安定な状態（**励起**《れいき》**状態**）です。

電子は不安定な励起状態から、安定な基底状態に戻ろうとします。そのとき、余分とな

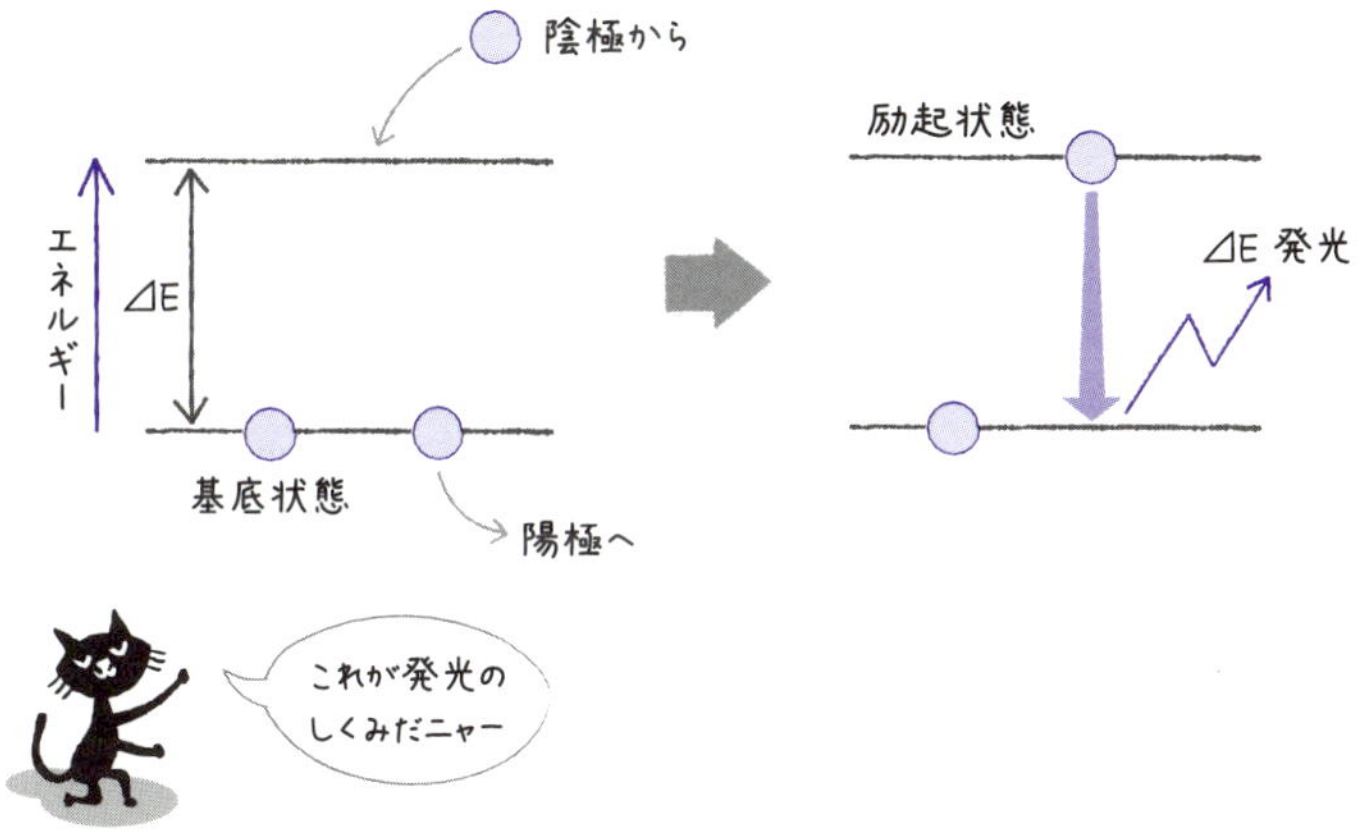

ったエネルギーは放出されます。このエネルギーが熱となれば発熱、光となれば「**発光**」なのです。この光の色は、エネルギーが小さければ赤、大きければ青となります。

LEDはなぜ光るのか

ＬＥＤは太陽電池と同じ構造で、ｎ型半導体とｐ型半導体の接合体を透明電極と金属電極でサンドイッチしたものです。先ほど説明したように、ＬＥＤはいったん励起状態になり、それが基底状態になるときに光（エネルギー）を放出します。ＬＥＤの場合、この励起状態を作る方法が実に巧みなのです。つまり、陽極が低エネルギー軌道から電子を奪い、反対に陰極が高エネルギー軌道に電子を送り込むのです。その結果、先に見た励起状態が誕生し、発光することになります。

ＬＥＤは昔から知られていましたが、光の色が限られていました。１９６２年には赤色ＬＥＤが発明され、１９７２年には黄色ＬＥＤが発明されました。また、黄緑色も発明されました。こうなるとほしいのは青色です。なぜなら、光の三原色（赤、青、緑）の光源を混ぜることによって白色光はもとより、好みの色を作り出すことができるからです。

ようやく青色ＬＥＤが実用化されたのは１９９０年代に入ってからのことでした。窒化ガリウムを用いた青色ＬＥＤを発明、実用化した赤崎勇・名城大学教授、天野浩・名古屋大学教授、中村修二・米カリフォルニア大学教授の三氏が、２０１４年のノーベル賞を受賞したのは記憶に新しいところです。

画面を曲げられる有機ＥＬ

有機ＥＬの発光原理も、ＬＥＤとまったく同じです。大きく違うのは、ＬＥＤでは無機半導体が材料として使われているのに対し、有機ＥＬでは有機物が使われていることです。

有機ＥＬは液晶テレビのライバルとして見られていますが、薄型テレビの観点から見た場合の利点は極限まで薄くできることです。これは、液晶テレビのように発光パネルと液晶パネルの二重構造にする必要がないことに起因します。液晶は自発光でないため、発光

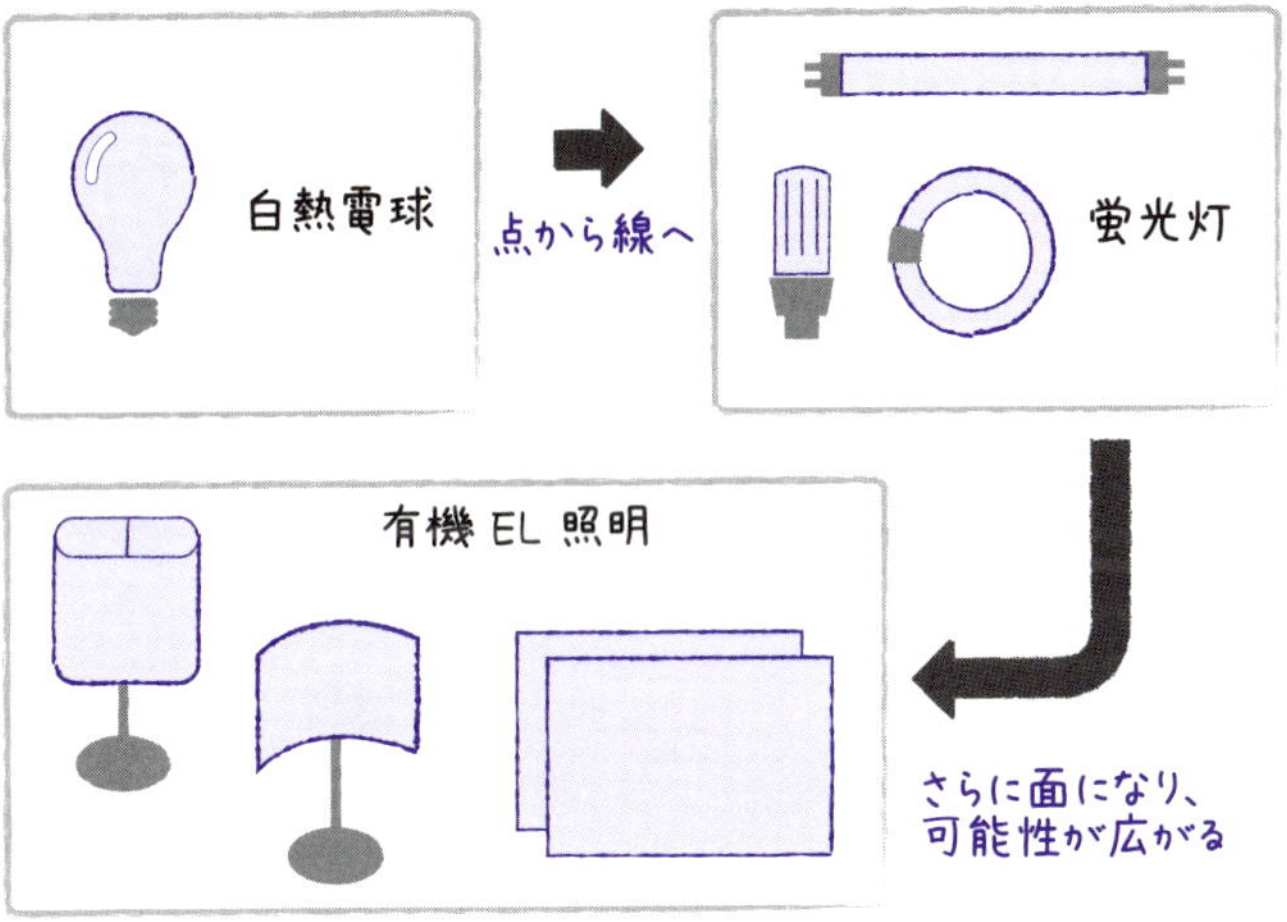

パネルを必要としますが、有機ＥＬは自発光のため、発光パネルを必要としません。また、光らない（黒い）部分には通電する必要がないので省エネでもあります。

もう１つ大きな特徴は、伝導性高分子を電極とすれば、どのようにでも屈曲可能なディスプレイを作成できることです。ロールカーテン式のテレビも可能です。あるいは自動車の全表面をテレビにして究極の迷彩色にすることもできます。人体に塗れば、カメレオンのように変色も可能です。

また、有機ＥＬは照明としてもＬＥＤのライバルとなる可能性があります。それも、これまでにない発光体です。というのも、電球やＬＥＤは点照明、有機ＥＬは面発光体だからです。完全な面発光体は、有機ＥＬを除いて他にありません。

青色ダイオードが受賞したのはノーベル物理学賞でしたが、もし有機ＥＬにノーベル賞が出たら、それはノーベル化学賞に間違いありません。この分野でも、日本人による多数の傑出した研究があるだけに期待度十分です。

05

日本刀作りに活かされている「酸化・還元」

【酸化・還元】

ある物質が酸素と結合したとき、その物質は「酸化された」と言う。反対に、ある物質から酸素が取り除かれたとき、その物質は「還元された」と言う。

「酸化」という現象は日常的に遭遇する現象です。例えば、クギは時間が経てば錆びます。これは鉄が酸素と結合した結果で、つまり「酸化された」のです。

　また、ガスコンロに火をつけるということは、火を媒介として天然ガス（メタン）と酸素をくっつけ、二酸化炭素と水に変化させたということ。水は熱で蒸気となるので気づかないかもしれませんが、このとき、実は天然ガスは「酸化された」のです。気づかないだけで、身近に酸化の例は色々あるものです。

　一方で、「還元」という言葉はあまり聞きませんが、珍しいものなのでしょうか。いいえ、とんでもありません。なぜなら、鉄が酸化されたとき、同時に酸素は「還元された」からです。ガスコンロでメタンが燃えたときも、酸素は「還元されています」。つまり、酸化と還元は表裏一体の仕事をしているのです。

「酸化した」は他動詞で使う

ここまでの話は、わかったようで、案外わかりにくかったのではないでしょうか。酸化・還元は、化学で重要な概念であると同時に、一般生活でもよく使う言葉です。しかし、日本語特有の曖昧さが、酸化・還元の定義を曖昧にしています。

鉄は酸素と結合して酸化鉄となり、錆びます。この現象を日本語では、①「鉄が酸化して錆びた」と言います。また、②「酸素が鉄を酸化した」とも言います。

国語の話になってしまいますが、①では「酸化した」という動詞は自動詞として使われ、②では他動詞として使われています。この両方の使い方が混同されると、科学的な事実が曖昧になってしまいます。「Aが酸化した」と言うとき、Aが酸化されてAOになったのか、それともAがBを酸化してBOにしたのか、わかりません。

化学では、「酸化する」という動詞をもっぱら他動詞として使います。したがって、①は「鉄が（酸素と結びついて）酸化され、錆びた」と受動態の言い回しになります。

酸化・還元は、酸素のやり取り

酸化・還元は色々な反応に当てはまる概念ですが、最も一般的には「酸素のやり取り」で考えられます。すなわち、

- 物質Aが酸素を受け取ったとき、Aは酸化された。
- 物質Bが酸素を放出したとき、Bは還元された。

というものです。

したがって、炭素が酸素と反応して（酸素を受け取って）二酸化炭素になるのは、「炭素は酸化された」ことになります。また、酸化鉄が酸素を放出して鉄になるのは、「酸化鉄は還元された」ことになります。このように、金属の酸化物から金属を取り出す操作を一般に「**製錬**」と言います。これも、酸化・還元反応の一種なのです。

鉄の製錬では、炭素を用いて酸化鉄を還元します。昔の日本では木炭を使い、**タタラ**と呼ばれる足踏み式の鞴《ふいご》で炉に空気を送りました。この方式はタタラ製法、あるいはタタラ吹きと呼ばれ、いまでも日本刀用の鉄を作るのに用いられています。

現在の製鉄法はスウェーデン式と呼ばれるもので、石炭を乾留《かんりゅう》して得たコークスを用います。いずれの方式でも、その反応は次のようになります。

酸化鉄 ＋ 炭素 ↓ 鉄 ＋ 二酸化炭素

この反応では、「酸化鉄」は自分が持っている「酸素」を放出して「鉄」になっています。ということは、「酸化鉄は還元された」ことになります。一方、「炭素」のほうは「酸素」を受け取って「二酸化炭素」になっているので、「炭素は酸化された」ことになります。このように、酸化と還元は同時に起こる反応です。「どちらの化合物から見るか」によって、酸化になったり還元になったりするのです。

酸化剤と還元剤

この反応で「炭素」が受け取った「酸素」は、「酸化鉄」が持っていたものです。つまり、「酸化鉄」は「炭素」に「酸素」を与えて酸化しているのです。このように、相手を酸化するものを「**酸化剤**」と言います。反対に、「炭素」は「酸化鉄」から「酸素」を奪って還元しています。このように相手を還元するものを「**還元剤**」と言います。

ところで、酸化剤である酸化鉄自身は反応が進むと還元されます。反対に還元剤であるはずの炭素は反応が進むと酸化されます。このように、酸化剤は還元され、還元剤は酸化される、という関係になります。

この関係を文章で覚えようとすると、アタマがこんがらがります。次ページの図のよう

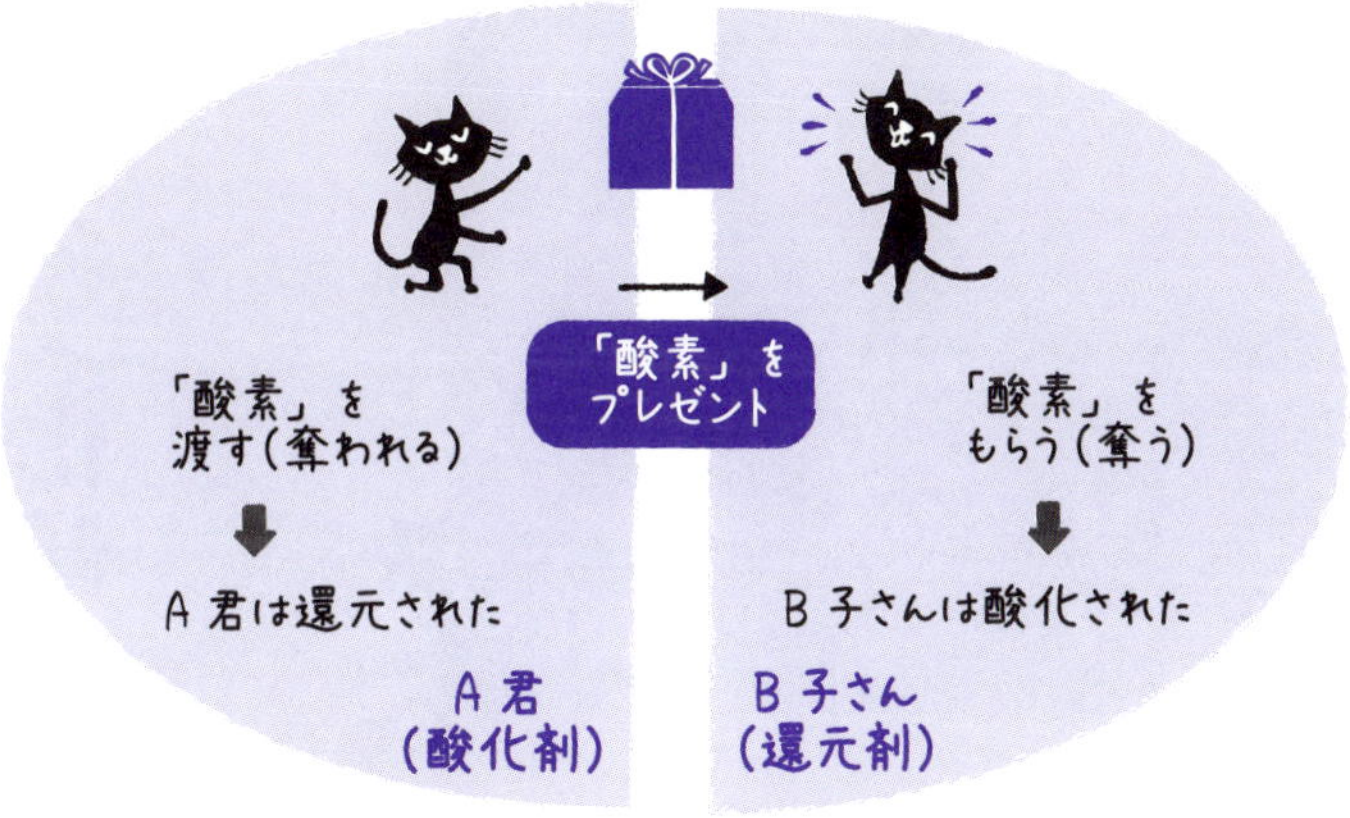

に、A君からB子さんへのプレゼントと考えてください。プレゼントの中身は「酸素」です。酸素を与えたA君は、相手を酸化させるのだから「A君＝酸化剤」です。A君はB子さんに酸素を与えた（酸素を奪われた）ので、A君自身は還元されています。反対に、B子さんはA君を還元したので、B子さん自身が「還元剤」であり、B子さんは酸素を受け取った（奪った）から酸化されたことになります。

このように、酸化、還元、酸化剤、還元剤には、「した」「された」と、色々な術語、動詞が乱れ飛びます。そこに目をやると、流れを見失います。ここで起こっているのは、「プレゼントの移動」という、たった1つの現象に過ぎないのです。

06

「イオン化傾向」でレモンが電池になる

【イオン化傾向】

酸などの溶液中（電解質溶液）における金属の「イオンへのなりやすさ」の相対的な尺度。金属をイオン化傾向の順に並べたものが「イオン化列」。

日本は地震国ですから、多くの家では乾電池の備えをしているでしょう。発電所で作ってくれる電気は大切ですが、イザというときには乾電池ほど心強いものはありません。なぜ、この小さな容れ物で電気が作れるのでしょうか。

その原理こそ、「**金属のイオン化傾向**」と呼ばれているものです。乾電池には2種類の金属が入っていて、その金属の「イオン化」の大きい、小さいの「差」で電力を起こしています。乾電池は凸のほうがプラス、少し凹になっているほうがマイナスですが、イオン化傾向の大きい金属がマイナス側に、イオン化傾向の小さい金属がプラス側に配置されてい

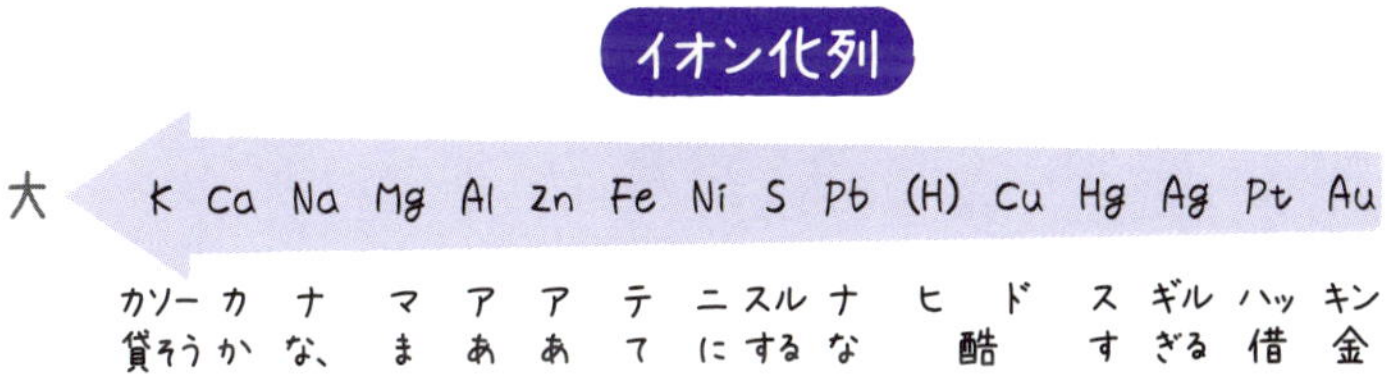

ます。

そして、もう1つ知っておいてほしいのが、2種類の金属のイオン化傾向の差が大きければ大きいほど、乾電池の電圧は大きくなるということ。

陽イオンになりやすい金属、なりにくい金属

ある種の金属を希硫酸などに入れると溶けます。これは、その金属が「**陽イオン**」となったことを意味します。しかし、すべての金属が溶けるわけではなく、酸に入れても溶けない金属もあります。これは金属によって、「陽イオンへのなりやすさ」に差がある、ということです。

そこで、さまざまな金属を組み合わせた実験から、「陽イオンへのなりやすさ」の順序を決めることができます。この金属が陽イオンになる性質、傾向のことを「**イオン化傾向**」と言い、大きい順に並べたものを「イオン化列」と言います。

イオン化列は少なくとも高校生の受験化学には大切です。覚

え方にはいくつかの方法があります。よく知られたものは、元素の頭文字をつないで文章にした、「貸そうかな、まあ、あてにす（る）な、ひど過ぎる借金」というものです。これを元素名で書くと、「カリウム、カルシウム、ナトリウム……白金、金」という順番で、金が一番最後になります。いかに金が酸に対して強いかがわかります。

イオン化傾向の大小は、実験の条件、特に溶液濃度によっても影響されるので、イオン化列の順もそれによって変化します。だから、イオン化列を覚えるのは無意味との批判もあります。しかし、さまざまな電池を考える際には、わかりやすい指標になるので、条件つきで覚えておく分には便利でしょう。

せっかく電池の話をしたので、人類がどのような電池を作ってきたのか、その努力の跡を追いながら、イオン化傾向の理解に役立ててみましょう。

電気の発見

人類が「電気」を発見したのは、イタリアのガルバーニの行なった**カエルの解剖**と、フランクリンの**ライデン瓶の実験**による、と言われます。

フランクリンの実験は、雷の鳴る嵐の日に凧を上げて糸の先にライデン瓶をつなぎ、ライデン瓶の端子が開いたことから、「雷が電気である」ことを証明したというもの（いまなら、自殺行為とみなされかねません）。

ガルバーニの実験は、死んだカエルの脚の一端をピンセットで固定し、切断のためにナイフを当てたところ、カエルの脚がピコっと動いたというもの。死んだカエルの脚が動いたのは何かの力が働いたからだ、と電気の発見につながったのですから、まさしく「科学は観察と連想のゲーム」です。そして、このガルバーニの実験に触発されて、人類最初の電池を作ったのがガルバーニの友人のボルタでした。

人類初のボルタ電池

1800年に発明されたボルタ電池を再現してみましょう。ビーカーに希硫酸の溶液を入れ、そこに亜鉛と銅の板（電極）をセットし、両方を導線で結びます。これだけで電池は完成です。電気が起こったことを確認するために、途中に豆電球をつなぎます。

豆電球は点灯しますが、初歩的な電池なのですぐに消えてしまいます。しかし、一時的にしろ豆電球が点灯したということは、電気が流れたこと、この簡単な装置が電池として作用したことを証明するものです。

では、ボルタ電池で何が起こったのでしょうか？　イオン化傾向の大きい亜鉛がイオンとなって溶液中に溶け出したとき、放出された電子は亜鉛板上に残ります。その電子が導

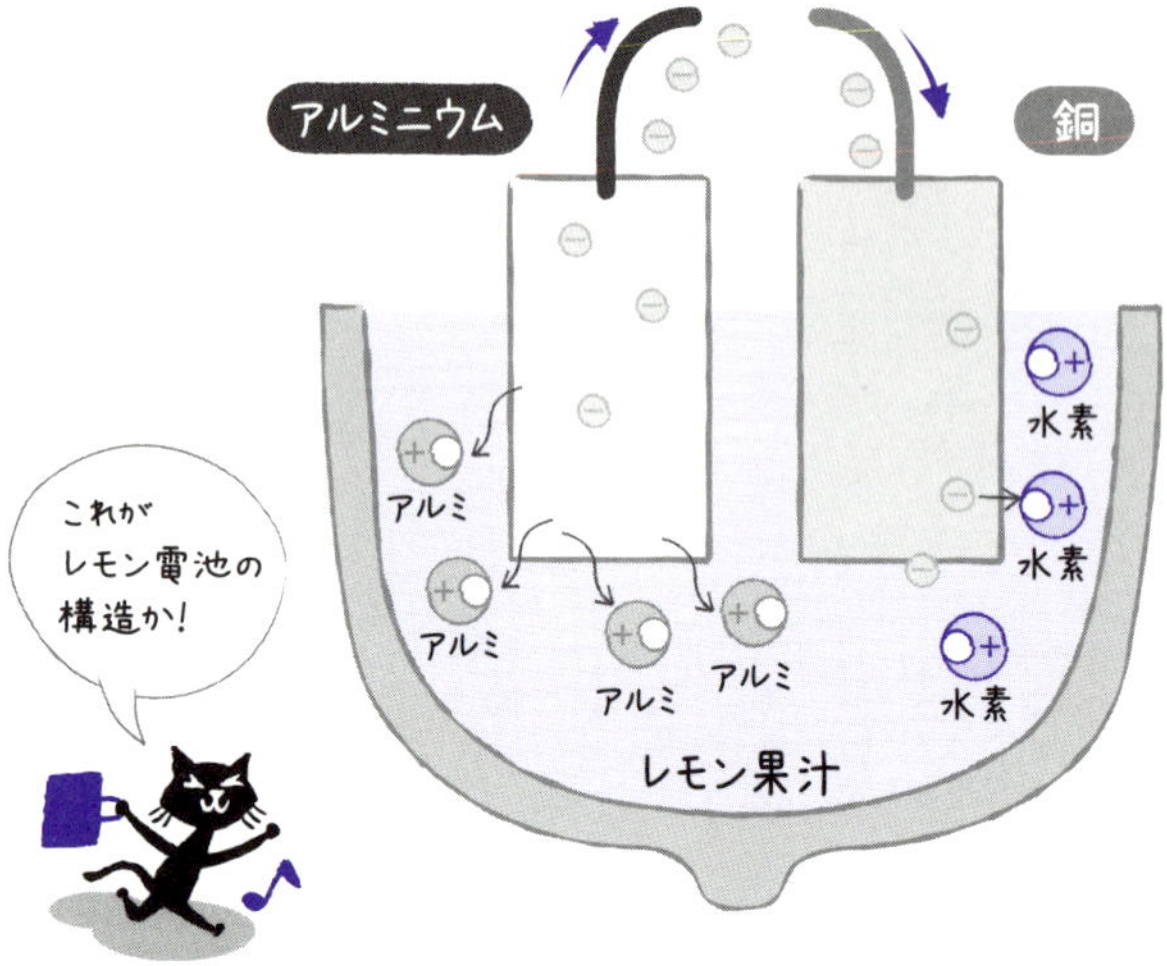

線を伝って「亜鉛→導線→銅」に流れます。この電子の移動が電流であることは、導線の途中につないだ豆電球が点灯することで証明されます。

レモン電池に挑戦

ボルタ電池の原理は、イオン化の異なる2つの金属間での電子の受け渡しに過ぎません。イオン化傾向の異なる金属の組み合わせは無数に考えられますし、希硫酸のように電気を通す液体（電解質溶液と言います）も色々あります。だから、ボルタ電池のバリエーションはいくらでもあり、科学館などが行なう「夏休みの子供向けの科学実験」でよく登場します。その代表例が「**レモン電池**」です。ボルタの電池では、「銅と亜鉛、希硫酸（電解質溶液）」でしたが、レモン電池では、「銅と亜鉛、レモンの果汁（電解質溶液）」となります。あるいは、「アルミ箔と鉛（釣りの重りを利用）、レモンの果汁（電解質溶液）」「アルミ板と銅板、レモンの果汁」など、手近にある金属２つを導線でつなげばレモンを使ったボルタ電池が完成し、豆電球が灯ります。

「２０００年も前に電池があった！」という歴史ミステリーがありますが、その可能性は十分にあるでしょう。なぜなら、電池の構造はこのように非常に簡単だからです。壺にワイン（電解質溶液）を入れ、そこに亜鉛と銅の棒を入れればワイン電池の完成です。亜鉛と銅は青銅の原料ですから、２０００年前なら存在していたはずです。

問題は、この電池をどのように利用したかです。豆電球やモーターが存在したとは思えないので、本当に使っていたとしたら、占いの類ではないでしょうか。

例えば、窃盗の疑いを掛けられた者が、真犯人かどうかを占いで決めるのです。「もし、そなたが犯人なら神が舌を射抜くであろう」と脅した上で、金属棒（電極）を舐めさせると……。現代に生まれたことを感謝しなければならないようです。

07

アポロ13号にも応用された「電気分解」

【電気分解】

化合物に電圧をかけることで化学分解する方法。金属の電気分解が冶金・精錬。

アポロ13号というアメリカの宇宙船が月に向かったとき、酸素タンクが突如爆発。3人の宇宙飛行士は宇宙船をコントロールする「電力」と、生きていくために必要な「水」の両方を大量に失い、地球帰還が絶望視される事態に見舞われました。トム・ハンクス主演の映画にもなったので、ご存じの方も多いでしょう。

ところで、見過ごされがちですが、なぜ酸素タンクが爆発すると、「電力＋水」が不足するのか……。これは「電気分解」に関係があるのです。

一般的に電気分解と言うと、水を使って次のように行ないます。

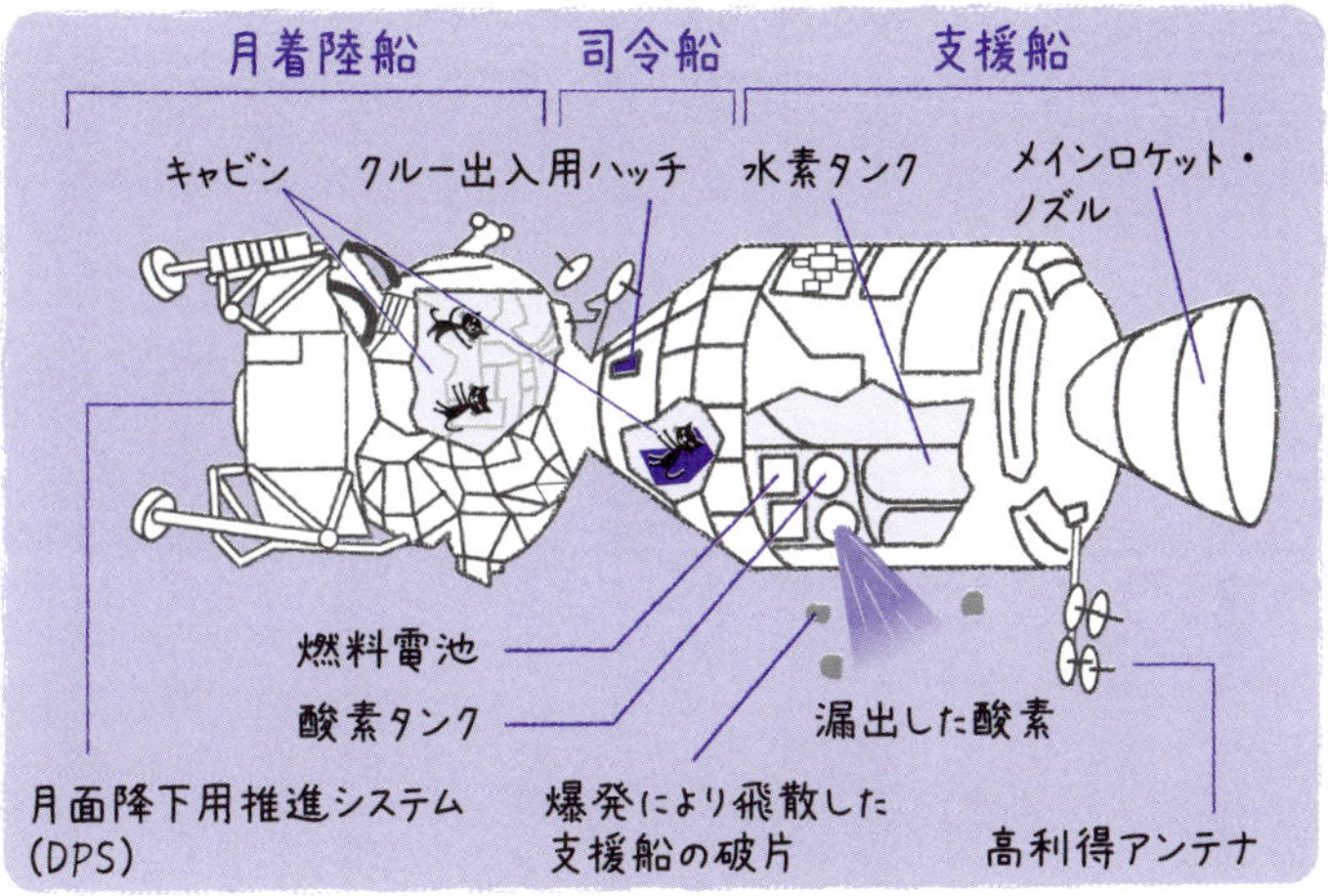

アポロ宇宙船航行状態

［水］＋［電気］↓［水素］＋［酸素］

実は、アポロ13号では、これとまったく逆のことをしていたのです。

［水素］＋［酸素］↓［水］＋［電気］

もうおわかりでしょう。アポロ13号が必要とする電気と乗員の水は、船体に抱えていた酸素タンク、水素タンクで賄っていたのです。だから、酸素タンクが爆発すれば、電気も水もできないという理屈です。

最新テクノロジーは最初に宇宙開発で使われても、そのうち民間技術となります。いま、電気自動車も電気分解の逆をやっています。

水の電気分解でエネルギーを生み出せ

逆でなくても、水の電気分解そのものは色々な応用ができます。つまり、人工衛星などの宇宙空間や深海を潜航する潜水艦など、酸素のない空間で酸素を生成するのに使われます。このような無酸素空間で乗員に酸素を供給するのに、電気分解は打ってつけの方法です。

また、同じく生成物の水素に着目すれば、水素燃料電池の燃料になります。あるいは、水素を燃やすだけでも熱エネルギーを得られます。実際、30年ほど前の日本の都市ガスには水素ガス（水性ガス）が使われていました。これは高温に加熱した石炭に水を反応させると、水が炭素と反応して水素ガスと一酸化炭素になります。水素は燃えれば水となって熱を発生します。一酸化炭素も燃えると二酸化炭素となって熱を発生します。つまり、どちらも燃料としての資格を持っていたのです。

電気分解で金属だって取り出せる

鉱石から金属を取り出すことを**冶金**《やきん》あるいは**製錬**と言います。これにも電気分解が用いられます。アルミニウムやシリコンは、電気分解を用いた電解製錬で得られる代表的な金属です。

アルミニウムは地殻中では、酸素、シリコンに次いで3番目に多い元素です。金属の中で言えば、地殻で最も多い金属元素です。ところが、そんなに多い元素にもかかわらず、人類がアルミニウムを初めて目にしたのは19世紀の半ばになってからです。

アルミニウムに比べると、銅や亜鉛、スズ、鉄、鉛、あるいは金、銀などは、地殻中ではずっと存在量の少ない金属です。しかし、人類はこれらを使っておきながら、最もたくさんあるアルミニウムを使うことができなかったのです。

その理由は、アルミニウムを含んだ鉱石（ボーキサイト）から、金属アルミニウムだけを取り出す手段が19世紀までなかったからです。現在では、アルミニウム製錬は電気分解で行ないます。そのためには大量の電力を要するので、アルミニウムは「**電気の缶詰**」などと言われるのです。半導体の原料であるシリコンに至っては、その辺の石ころにたくさん含まれていますが（酸素に次いで2番目に多い）、これも電気分解で取り出すため、電気料金の高い日本では割が合いません。

アルミニウム大好きのナポレオン3世

19世紀中葉、ナポレオンの甥にあたるナポレオン3世は、アルミニウムが現在のように広く利用されるようになった最大の貢献者とされています。彼はアルミニウムが大変に気に入り、ことあるごとに取り立てて宣伝しました。

皇帝主催の晩さん会では、並み居る廷臣の前に、まばゆいばかりの高価な銀食器がズラリと並べられました。そんな中、皇帝夫妻の前に並んだのはアルミの食器。当時のアルミニウムのキャッチフレーズは、「ミルクより白く、羽より軽い」というもの。ものは褒めようというものです。

それればかりではありません。皇帝は直属の近衛師団の甲冑までアルミニウムで揃えようとしたと言います。しかし、当時の技術ではそれほどの大量生産ができないことと、予算の関係で諦めたということです。もし、アルミニウムのペラペラな甲冑で近衛師団の兵隊が戦争に行かされていたら、命がいくつあっても足りなかったでしょう。

08 化学反応の加速装置「触媒」

【触媒】

化学反応の速度を変える効果を持ちながらも、自身は反応前後で変化しない物質。また、反応によって消費されても、反応の終了と同時に再生し、あたかも何ら変化していないように見える物質。

触媒と言うと、クルマの排ガス処理で使われる三元触媒の名前を聞いたことがあるかもしれません。三元触媒とは、クルマから輩出される有害物質である「炭化水素、一酸化炭素、チッソ酸化物」を「プラチナ（白金）、パラジウム、ロジウム」の3つの金属元素を使用して同時に除去する装置のこと。

ただ、プラチナ、パラジウムのような金属製の触媒ばかりが活躍しているわけではありません。生体内にも「触媒」と言ってよいものがあります。例えばタンパク質でできた「**酵素**」も触媒の一種と考えられます。

他にも、触媒の面白い例があります。水素と酸素を混ぜただけでは何の反応も起こりませんが、ここにほんの少しの白金を加えてやると、瞬時に反応が進行・完結して水ができます。この白金は反応の前後で変化しません。これが触媒のよい例です。

触媒は排ガスの浄化だけでなく、水素燃料電池などにも使用され、自動車産業とは密接な関係にあります。

数段階のプロセスを一足飛びに

触媒の働きは、単に反応速度を高めるだけではありません。普通の条件下では起きない反応が触媒の存在下では起きることがあります。例えば、炭化水素と水素の付加反応は、通常の条件下では起こることはありませんが、プラチナ、ニッケルなどを触媒として用いると簡単に進行します。

これは非常に大きな可能性を示唆しています。つまり、普通の条件下では何段階もの反応を経由しなければ合成できない化学物質であっても、うまい触媒を見つければ一段階で目的のものを作ってしまう可能性がある、ということ。そうなると、これは反応スピードが速いという話だけでは終わりません。何段階もの反応に要する試薬、溶媒が不要になります。ということは、合成に要する化学物質が大幅に少なくなり、廃棄物も大幅に少なく

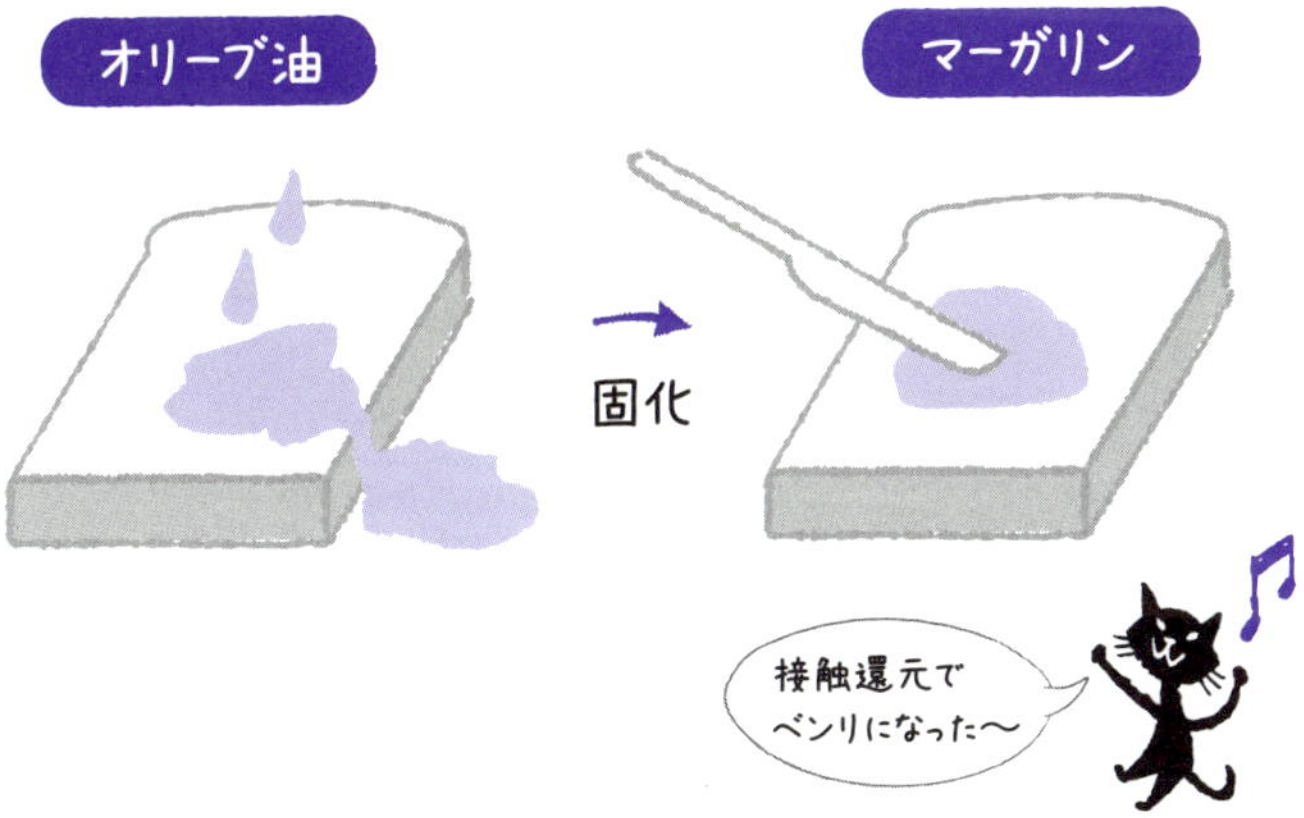

なることを意味します。また、反応に要する熱や電気エネルギーはもちろん、人力も大幅に削減されます。

ということで、触媒は環境に優しいことを看板に掲げるグリーンケミストリーや省エネの立場から、いま熱い注目を集めているのです。また、二酸化チタンなどを利用した「**光触媒**」は、空気浄化など室内環境の浄化にも役立っています。

液体の油を固体のマーガリンにするコツ

触媒はどのようにして反応を促進するのか、そのしくみの一例を見てみましょう。植物油と言うと、そのほとんどが液体です。パンにオリーブ油を垂らし、岩塩をかけて食べるのが好きな人もいますが、そうするとパンからオリーブ油がこぼれます。これが液体ではなく、ペースト状の半固形のものだったら塗りやすいのに。

そもそも油が液体だというのは、油の成分である脂肪酸が二重結合を含む不飽和脂肪酸であることに原因があります。この不飽和脂肪酸に「**接触還元**」という方法を使うことで飽和脂肪酸に変化させ、その結果、油は「液体→固体」になります。このプロセスでは、水素ガスを還元剤として使いますが、その際、触媒を必要とします。このようにしてできた油を硬化油と言い、マーガリンやショートニングとして用いられています。

また、大正末期には、プラチナの触媒作用を利用し、ベンジンをゆっくりと酸化発熱させる「ハクキンカイロ（白金カイロ）」が登場しました。その名のとおり白金を使ったものので、ベンジンを白金触媒存在下で低温燃焼させ、ゆっくりと熱を取り出す装置です。化学カイロより大量の熱を取り出すことができるため、現在でも登山などで重宝されています。

Column

塩基とアルカリは同じ意味？

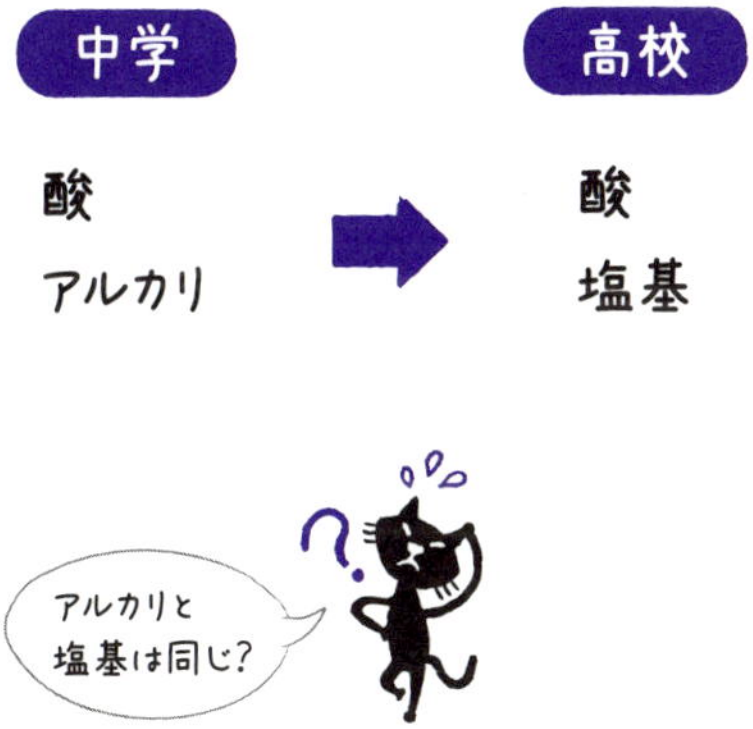

小学校、中学校の頃、「酸」に対比するものは「アルカリ」でした。リトマス試験紙でも「アルカリ？　赤→青」と覚えた人もいるでしょう。

ところが、高校では特に説明もなく、「酸と塩基」になりました。中学校までは「アルカリ」で、高校以上になると「塩基」ということなら、「アルカリ＝塩基」ということでしょうか？

簡単に言うと、塩基には非常に厳密な定義がありますが、アルカリは曖昧です。しいて言えば、アルカリは塩基の中の一部分というところです。

アルカリの語源はアラビア語の「灰」を意味する言葉で、錬金術の華やかりし頃の名残です。一般的な話の中で「アルカリ」を用いるのは問題ありませんが、化学的に厳密な話をする場合には「塩基」を使ったほうが明瞭です。あえて曖昧なアルカリを用いる理由もありません。

ちなみに、アルカリの語源となった「灰」は、植物成分の中の金属元素などの酸化物、炭酸塩であり、植物の三大栄養素のカリウムに由来する炭酸カリウムなどが含まれています。これが水に溶ければ塩基性となるので、灰を水に溶かした灰汁《あく》は塩基性なのです。

第 3 章

「化学」でつかむ自然現象

01 「濃度」——1ℓ+1ℓは2ℓとは限らない？

【濃度】

溶液の中の物質（溶質）の溶けている割合。ただし、濃度には多くの種類があるので注意が必要。

お酒のアルコール度数はさまざまです。ビールで5％程度、日本酒やワインで10～15％、ウイスキーやブランデーで40～60％ぐらいでしょうか。ウォッカやアブサンなどになると、濃いもので90％近いものもあります。

なお、「アルコール度数」と呼ぶように、お酒の場合は普通「度」で表わしますが、「％」で表示してあるものもあります。この度数と％は、同じと考えて差し支えありません。

では、このお酒の％（度）というのは重さの割合でしょうか、それとも体積の割合でしょうか。答えは、「お酒に含まれるエタノールの体積の割合（パーセント濃度）」です。

ウォッカやアブサンなど90％近いものだと、エタノールの水溶液ではなく、水のエタノール溶液と呼んだほうがよさそうです。一般に、溶液の中に溶質がどれくらい溶けているかを表わす指標を「**濃度**」と言います。その種類は実はたくさんあり、それぞれの状況や業界、使われ方などによって異なります。知ったかぶりすると大失敗しかねないので、「どの濃度のことを言っているのか」に気をつけることが重要です。

ここでは代表的な「濃度」について、ざっとお話ししておきましょう。化学の世界では、特に断りがない場合は、「モル濃度」が使われます。

1モル濃度の食塩水を作るには？

化学で標準的に使われる濃度が「**モル濃度**」です。これは1リットルの溶液中に含まれる溶質（溶けている物）のモル数を表わします。モル数とは、分子が6×10^{23}個集まると1モルとします。変な数字ですが、前にも述べたとおり、1モルの重さが、その分子の分子量に「グラム」をつけたものとちょうど同じになって便利なのです。

例えば、分子量が44の二酸化炭素の分子が6×10^{23}個集まると、ちょうど44グラムになります。これは単なる「単位」に過ぎず、言わば鉛筆が12本集まると「1ダース」と呼ぶように、分子が6×10^{23}個集まると「1モル」と呼ぶに過ぎません。

ただし、同じ1ダースでも、鉛筆と缶ビールでは重さが異なります。それと同様に、同じ1モルでも、分子の種類によって重さが異なります。二酸化炭素は1モルで44グラムでしたが、水素分子は1モルで2グラム、酸素分子は32グラムとバラバラです。1モルの重さは分子量（にグラムをつけた重さ）に等しいのです。

モル濃度は次の式で表わせます。

モル濃度（mol/L）＝（溶質のモル数）÷（溶液の体積）

では、クイズです。

「1モルの濃度の食塩水を1リットル作るにはどうすればいいでしょうか？」

食塩（NaCl）は、ナトリウムと塩素の2つでできています。その原子量は、それぞれナトリウム＝23、塩素＝35・5ですから、食塩の分子量は58・5となります。したがって、まず食塩＝1モル（58・5グラム）を1リットルのメスフラスコに入れます。次に、水を加えてちょうど1リットルにします。

ここで大切なのは、「1リットルの水に食塩を加えるのではない」ということ。それでは、溶液の体積は食塩が加わることで1リットルではなくなり、計算が複雑になります。だから、「食塩に、適当量の水」を加えて、全体として1リットルにするのです。

「パーセント濃度」と言えば「重さ」の割合

化学では重要な「モル濃度」ですが、一般生活で使うことはありません。お酒の濃度やアイスクリームの乳脂肪含有率など日常的に使うのは、やはり「**パーセント濃度**」です。実は、この「パーセント濃度」には「重量パーセント濃度」と「体積パーセント濃度」の2種類があります。日常生活では、特に断わりがない限り「**重量パーセント濃度**」を指します。これは、溶液中に含まれる溶質（溶けている物質）の「質量」をパーセントで表わした濃度のこと。つまり、「重さの割合」です。

重量パーセント濃度（%）＝（溶質の質量）÷（溶液の質量）×100
＝（溶質の質量）÷（溶質の質量＋溶媒の質量）×100

例えば、重量濃度10%の食塩（塩化ナトリウムNaCl）の水溶液1キログラムを作るには、食塩（溶質）100グラムを用意し、そこに900グラムの水（溶媒）を注いで溶かします。

お酒の「体積パーセント濃度」は1＋1＝2にならない？

お酒の濃度などに使われるのは、「**体積パーセント濃度**」です。溶質（溶けている物質）

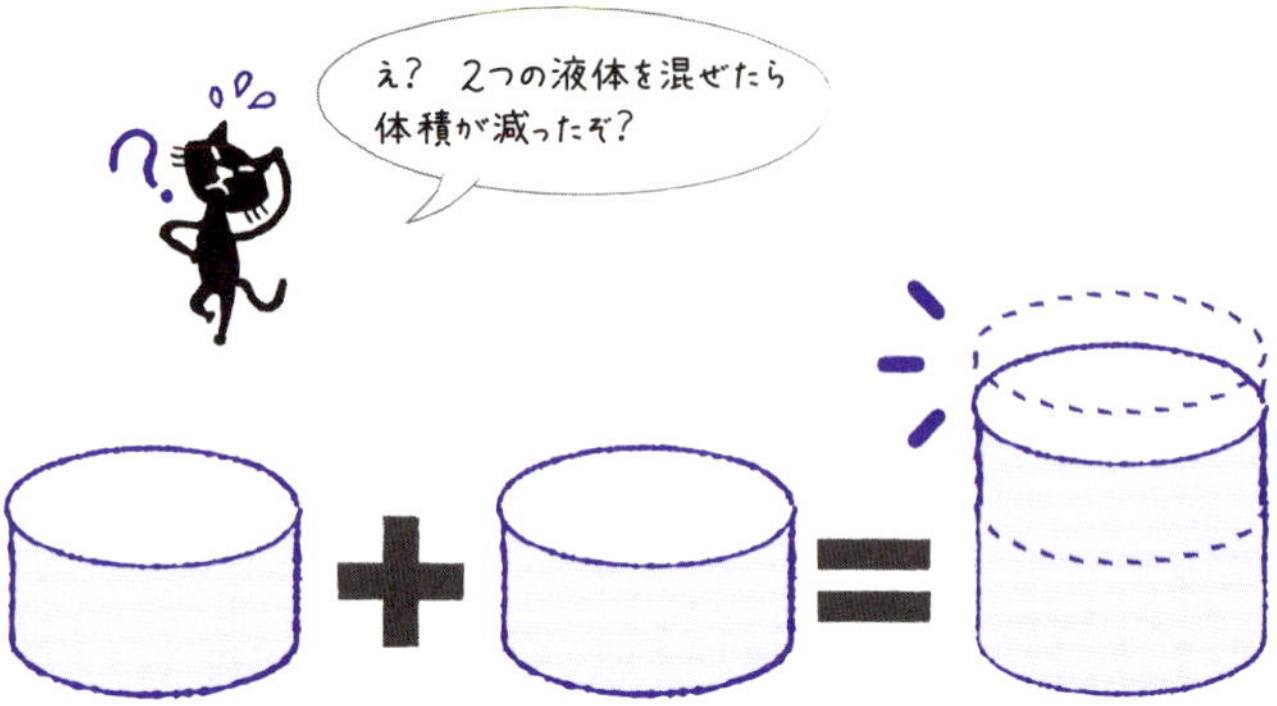

の体積を、溶液の体積で割った割合のことです。

体積パーセント濃度（%）

＝（溶質の体積）÷（溶液の体積）×100

注意しなければならないのは、溶液の体積は溶質の体積と溶媒の体積の和ではないということ。というのは、液体の組み合わせによっては、混ぜると体積が増えたり（塩酸と水酸化ナトリウム水溶液）、逆に混ぜると体積が減ったりするのです（エタノールと水）。

したがって、体積濃度10％のエタノール水溶液1リットルを作るには、次のような手順で行ないます。1リットルのメスフラスコにエタノール100ミリリットルを入れ、そこに水を加えてちょうど1リットルになるようにします。実は、このときの水の量は900ミリリットルよりも多くなります。すなわち、水とエタノールを混ぜると、全体の量は減るのです。そこで、きちんと1リットルにするための調整が必要です。

液体にはこのように、混ぜると体積が減る場合と、反対に増える場合があります。どのような組み合わせが減り、どのような組み合わせが増えるかは、実際にやってみないとわかりません。

02

「酸性・塩基性」——pH値いくつから酸性雨？

【酸性・塩基性】

溶液の pH が７未満のものを酸性、７より大きいものを塩基性、pH＝７のものを中性と言う。

酸性雨には、ネガティブなイメージがあります。実際、酸性雨のことを知っても、被害の大きさがわかるだけで役立たない、と思うかもしれません。けれども、それによって湖沼への被害対策、コンクリートの検証と対策など、大きな力を発揮することは言うまでもありません。「知は力なり」なのです。

酸性雨は、屋外にある銅像などの金属物を錆びさせるだけではありません。コンクリートの塩基性を中和させることで強度を弱め、さらにヒビから侵入して内部の鉄筋を錆びさせます。錆びで膨張した鉄筋はヒビをいっそう広げ、それが雨水を再度呼び込む……と、悪循環が起こります。

生物に対する被害も甚大です。湖沼の生態に被害を与えるのはもちろん、特に困るのは森林の枯渇です。森林を失って、保水力の低下した山は洪水を起こしやすくなります。すると、表面の肥沃な土壌が流出し、山は永久に森林を失って砂漠化への道を進むことになるのです。いったん失った土壌は元には戻りません。

pHのフィールド

酸性、塩基性の強さを表すには「**pH**」という単位を用います。あなたなら、何と読みますか。このpHの読み方で、おおよその年齢がわかってしまいます。昔は、ドイツ語読みで「ペー・ハー」と読んでいましたが、最近は英語読みで「ピー・エイチ」とそのまま発音するからです。もし、お子さんが「ピー・エイチ」と読んでいても、それは正しい発音ですから心配いりません。

pHの範囲は0~14まであります。水と同じ中性はpH=7です。これを基準に、pHが7より小さいものが「**酸性**」です。小さくなればなるほど、強烈な酸性を示します。逆に、7より大きいものが「**塩基性**」で、これも大きくなればなるほど強烈な塩基性を示します。

酸性は酸っぱく、塩基性は苦みを感じます。

塩基性は小学校や中学校では「アルカリ性」と言いますが、少し曖昧な概念なので、高

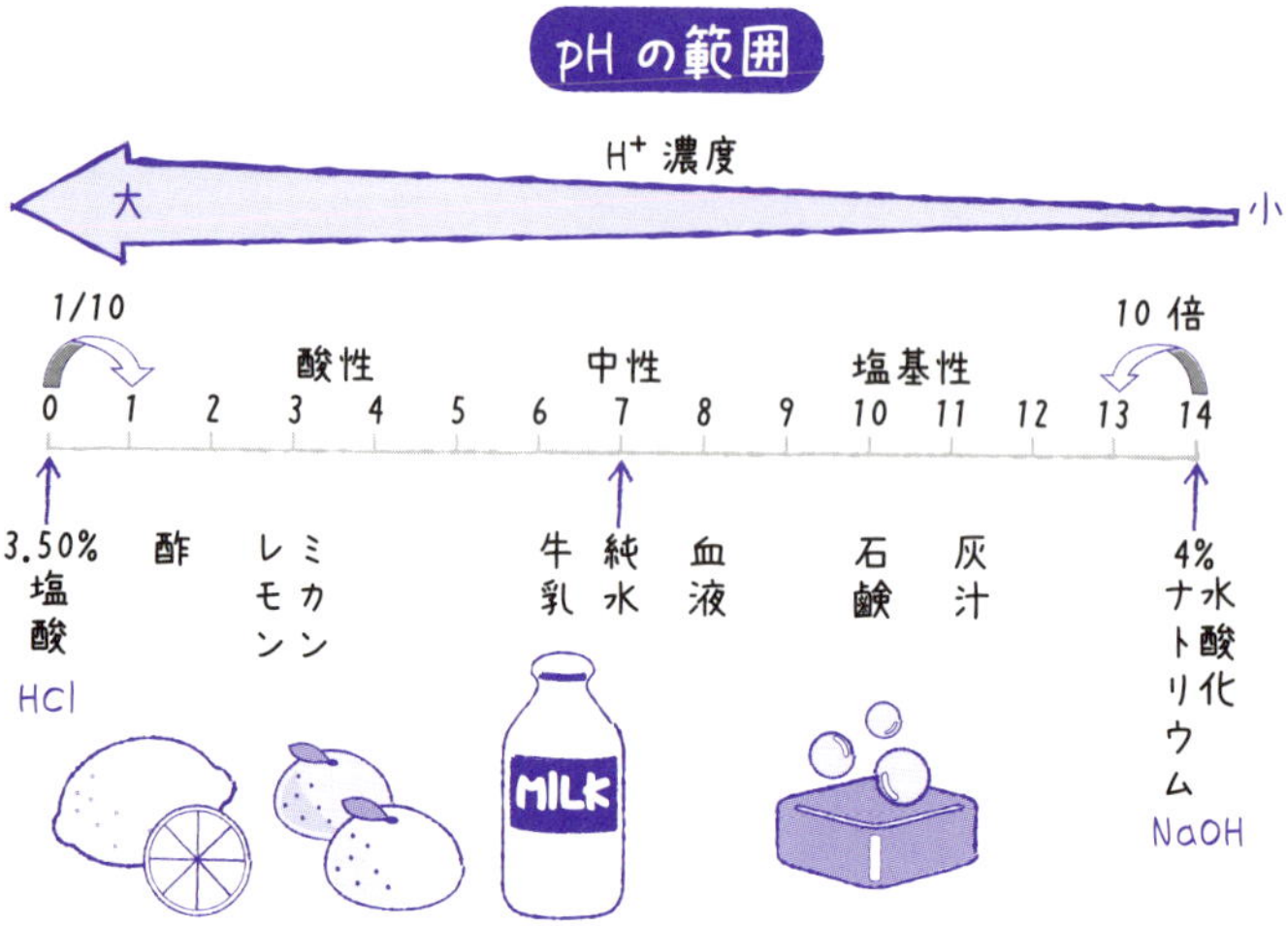

校以上では「塩基性」と呼びます（2章のコラム参照）。

pHの数値は少し変わっていて、数値が1つ違うと強度は10倍違います。つまりpH＝3の酸性溶液はpH＝4の酸性溶液より10倍強烈で、pH＝5に比べると100倍強力ということになります。

身のまわりの食べ物や飲料がどれくらいのpHを示すかを上図に示しました。酸性の物質は食酢（酢酸）や梅干し（クエン酸）などたくさんありますが、塩基性の食べ物はあまりありません。

図に挙げたもの以外では、アルカリ乾電池の内容物や「美人の湯」などと呼ばれる温泉などは塩基性が高い（pH＝8〜10）ことが知られています。酸性度の高い温泉もあります。

すべての雨は酸性雨

雨は上空の雲の中にできた水滴が、空中を通って地表に落下してきたものです。したがって、空中を通過する間に気体を吸収し、落ちてきます。その中には二酸化炭素も含まれ、水と反応すると炭酸になり、酸性を示します。

よって、すべての雨は、いつの時代、どこで降ろうと、もともと「酸性雨」なのです。「中性雨」や「塩基性雨」は世界中どこにも存在しません。それどころか、雨のpHは通常５、６程度です。一般に酸性雨とは、通常の雨よりもさらに酸性度の高い雨（pHの数値の小さい雨）のことを言います。絶対的な定義はありません。

では、酸性雨の原因は何でしょうか。それは、工場やクルマから排出された大気汚染物質のイオウ酸化物SOx《ソックス》やチッソ酸化物NOx《ノックス》。それが雨水に取り込まれ、強い酸性を示したものです。

イオウ酸化物は水に溶けると亜硫酸や硫酸などの強い酸となり、雨を酸性とします。同様にチッソ酸化物は水に溶けて硝酸などの強酸となります。東京では、クルマからの窒素化合物で硝酸による酸性雨が多いとされています。チッソ酸化物の有効な削減策は開発されておらず、都会での酸性雨の原因となっています。

その点、イオウ酸化物は脱硫装置によって減少傾向にありましたが、最近は中国から流れて来る問題が指摘されています。実際、冬や春に流れて来ることがシミュレーションで推定されており、酸性雨の49％が中国由来という発表もあります（国立環境研究所）。また、夏には九州の火山発のイオウ酸化物が運ばれて来ていると推測されています。

03

雲と雨を発生させる「過飽和状態」

【過飽和状態】

溶液が、その温度の限度量を超えて溶質を溶かしている状態。

フランス革命には、その裏で天候の影響があったという説もあります。そこまでいかなくても、雨が降らなければ農作物は枯れてしまい、逆に大雨だと根腐れしてしまいます。最近の爆弾低気圧など、局所的に短時間で大雨が降ると、生活が大きく破綻する危険性もあります。適度に降ってくれるのが一番なのですが、この雨、果たしてどのようにして降るのでしょうか。

雲と雨のメカニズム

雨は雲から落ちてくる液体の水です。しかし、空にはいつでも雲があるわけではありません。雲は空気の溶解度に関係してできます。溶解度以上の水蒸気が発生したとき、溶け切れない余分の水蒸気が凝縮して細かい水滴になったものが雲なのです。

雲の水分の一滴一滴は重量があるので、地球の重力に引っぱられて落下しそうなものですが、なぜか落ちてきません。上昇気流や対流のおかげで、上空に留まることができます。しかし、雲の温度がマイナス15℃以下になると、水滴は凝固して小さな氷の粒となります。それが周囲の水蒸気を吸収して雪片となり、成長しながら雲の中で下降する途中で融けて液体となり、それを中心に水滴が集合し大きな水滴となって落下します。これが「雨」です。気温がもっと低いと、再度凝結して雪となって落下します。

過飽和を破ったら

砂糖は、低い温度の水よりも、お湯のほうがたくさん溶けます。温度によって溶ける限度量（溶解度）が違い、高温の水のほうがたくさんの砂糖を溶かします。逆に、高温でたくさんの砂糖を溶かした砂糖水を冷やすと、低い温度では溶け切れなくなった砂糖が結晶として析出《せきしゅつ》し、コップの底のほうに溜まります。

ところが、すべてが砂糖水のようになるとは限りません。低温になっても、溶解度を超えた溶質が析出しないことがあります。このような**過飽和状態**は非常に不安定なので、ち

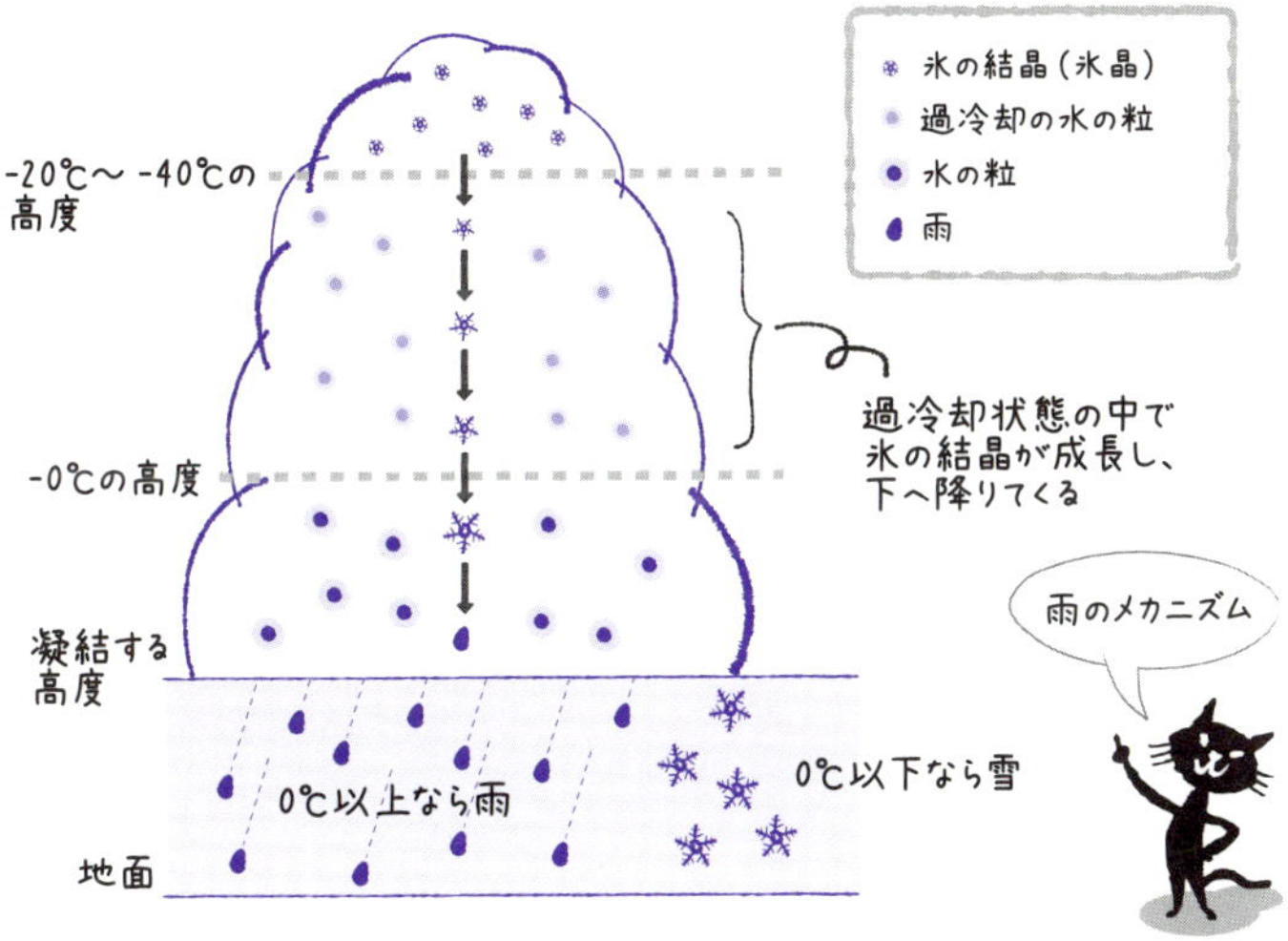

ょっとした振動、あるいは溶質の微結晶（一般に「タネ」と呼ばれる）を加えると瞬時に結晶が析出します。例えば、飛行機雲の出現がそうです。過飽和状態の空気が、飛行機による振動、あるいは排気ガス中の微粉末などがタネとなって過飽和状態が破れ、一気に雲となって現われるのです。

気象予報とポアソンの方程式

このように過飽和のメカニズムで生じる雲ですが、「いつ、どこで過飽和状態となり、そこからどこに移動し、どの場所でいつ過飽和が破れて雨となるか」を予測することは、非常に困難なことです。すべては雲の中で起きているからです。

けれども、数学にはこのような現象を解析するのに便利な「**ポアソンの方程式**」というものがあります。これは2階微分方程式と言われる非常に複雑な式で、手作業で解を求めようとすると、非常に難しいもの。

気象予報は、基本的にこのポアソンの方程式に気圧、温度、地勢などのデータを入れ、気象庁の大型コンピュータを用いた計算結果をもとに、天気予報のキャスターがテレビなどで発表しています。

雨のタネは何でできている?

そもそも雨ができるためにはタネ、つまり「**氷の粒**」ができる必要があります。雨ができる条件のマイナス15℃という温度は、氷の融点である0℃をはるかに下回った数値です。したがって、すべての水は凍って(結晶化して)氷となっているはずです。ところが、不思議なことに過飽和状態と同じように、非常に低い温度でも結晶化しないことがあるのです。このような状態が「**過冷却状態**」です。

過冷却状態も当然、とても不安定なため、ちょっとした振動やタネ、あるいは適当な微粒子が加わると、瞬時に大量の氷の粒(氷晶)に変わります。したがって、低温の雲の中に微粒子が撒かれれば刺激となるわけです。自然界では、海の波によって吹き上げられた塩粒や、陸上から生じた砂塵などがタネになるとされています。

タネを使った人工降雨

雨は多くても少なくても困ります。適度に降ってくれるのが一番ですが、自然現象ですので、多ければ洪水となって多大な被害をもたらし、少なければ農作物を収穫できません。昔なら、ただちに飢饉に結びつく由々しき事態となります。

そこで、人工的に雨を降らせようという研究があります。人工降雨は、過冷却状態の雲の中に微粒子をわざと撒くことです。したがって、少なくとも現在の人工降雨に「雲の存在」は不可欠で、雲のない晴れた空に雨を降らせるのは無理なことです。

一般的には、タネの材料としてドライアイスやヨウ化銀が用いられます。ドライアイスは飛行機から撒くことで雲の温度を下げる効果と同時に、その粒をタネとします。ヨウ化銀は、その結晶が六方晶形で氷の結晶と似ています。結晶形の似た核を用いたほうが、より効果的です。しかし、ヨウ化銀には弱い毒性があり、大量に摂取すれば悪影響も考えられるので気をつけたいところです。

04

天然ガスの運搬で役立つ「ボイル＝シャルルの法則」

【ボイル＝シャルルの法則】

理想気体の体積は、圧力に反比例し、絶対温度に比例する。これを式に表わした PV=nRT を理想気体の状態方程式と言う。

鉄のレール（固体）は多少の圧力をかけても、体積は変わりません。ただ、夏場に気温が上がると、レールは膨張して少し延びます（体積が増える）。

水（液体）は少しくらいの圧力をかけても、目に見えて小さくなることはありません。温度を０～１００℃の範囲で上げ下げしても、水の体積はほとんど変わりません（長く熱して蒸発していくのは別）。

しかし、気体は圧力を加えると、体積が小さくなります。また、気体は温度を高くすると、膨張して体積が増えます。そして詳しく調べた結果、「気体の体積は圧力に反比例し、絶対温度に比例する」（**ボイル＝シャルルの法則**）ということがわかりました。

いま、気体の体積をV、気体のモル数をn、そのときの絶対温度をT、圧力をPとすると、これらの間には次の①の関係が成り立ちます。これが「理想気体の状態方程式」です。「理想気体」というのがミソ。なお、Rは定数（気体定数）で、化学ではトップ3に入る重要な定数であり、公式です。

$PV = nRT$……**式①**

天然ガスを運ぶ知恵

「ボイル＝シャルルの法則」とは、17世紀にイギリスのロバート・ボイルが発見したボイルの法則と、18世紀にフランスのジャック・シャルルが発見したシャルルの法則とを合体させたものです。

- **ボイルの法則＝温度一定のとき、理想気体の体積は圧力に反比例する**
- **シャルルの法則＝圧力一定のとき、理想気体の体積は絶対温度に比例する**

この2つを合わせると、「理想気体の体積は、圧力に反比例し、絶対温度に比例する」となります。数式に強い人は、「理想気体の圧力は、体積に反比例し、絶対温度に比例する」でもよいと気づくでしょう。

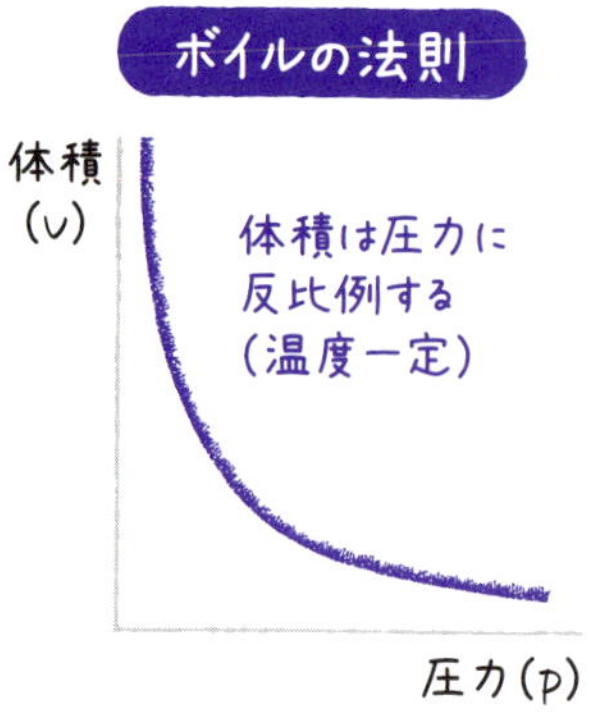

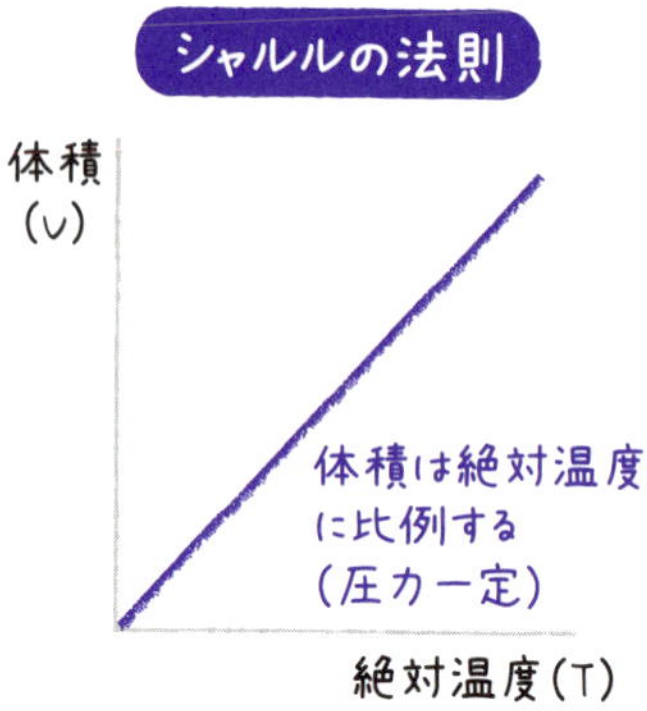

さて、ボイルの法則は「体積が大きくて困ったときは、圧力を大きくすると、体積は小さくなるよ」、シャルルの法則は「温度を下げても、体積は大きく減るよ」と解釈できます。

「体積が大きくて困ったとき」と言えば、海外から天然ガスを船で運搬するときがあります。気体は体積が大きいままでは、貯蔵や運搬が大変です。そこで、ボイル＝シャルルの法則を利用します。

天然ガス（気体）に圧力を加えたり、温度を下げたりして体積を減少させます。圧力を1気圧から2気圧にすれば、体積は半分になります。10気圧にすれば1／10です。さらに高圧にすると、気体の種類によっては液体に変化します（液化）。すると、体積はさらに大幅に減少します。天然ガスは温度をマイナス１６２℃まで下げて液化することで、体積を６００分の１まで圧縮しています。

これが天然ガスを液化（液化天然ガス、ＬＮＧ）して運搬する理由です。

１７００倍に膨れ上がる水の体積

何気なく「気体の体積」と言っていますが、そもそも気体の体積とは何でしょうか。気体の状態にある分子は、なんと飛行機並みの高速で飛び回っています。この気体状態の分子を風船に入れると、気体分子が風船の（ゴムの）壁にぶつかって膨らませます。このときの風船の体積を「気体の体積」と言います。

当然ながら、気体の体積というのは空間の体積です。これが同じ物質でも、液体のときと気体のときで、どのくらい体積が違うのか。先ほど液化天然ガスの輸送で見たように、「気体→液体」にすることで一気に体積が減少しましたが、今回は「液体→気体」の逆パターンで考えます。

水で考えてみましょう。水１モル（18グラム）の体積は、18ミリリットル（18ｃｃ）です。だいたい１リットルパックの牛乳の１／50くらいの微量です。ところが、これを１００℃に加熱して気体（水蒸気）にすると、その体積は３万１０００ミリリットル、つまり１リットルの牛乳パック31本分にもなります。

水分子そのものの体積は、液体でも気体でもほとんど変わりません。ところが、液体から気体に換わると、体積が「18↓3万1000」、つまり約1700倍にもなるのです。

これは、気体の体積と気体自身（分子）の体積とは何の関係もなく、分子同士の間隔が空くだけ、ということを意味します。このことから、1モルの気体の体積を調べると、温度が0℃、1気圧のときは22・4リットル（気体の種類に関係なく、すべて）であることがわかるのです。先ほど、31リットルと言ったのは、温度が0℃ではなく、100℃のときのこと。温度が上がれば、体積が増えるということです。

05 「理想気体と実在気体」――ボイル＝シャルルの法則（番外編）

【理想気体と実在気体】

実在する気体の種類によっては、「理想気体の状態方程式」から大きくずれることがあり、それを修正する。

前節のボイル・シャルルの法則は実に明快で納得いくものだったと思います。具体的な状態方程式には「理想気体の状態方程式」と名づけられていましたが、この「**理想気体**」という言葉、少し気になりませんか？

理想の気体、実在の気体

前節の式①を変形すると、次ページの式②となります。これは変形しただけなので、値が1になるのは当然です。しかし、式①が本当に成立するなら、「理想」という名前がつくのは変な話ですし、式②は次ページのとおり、「1」になるはずです。

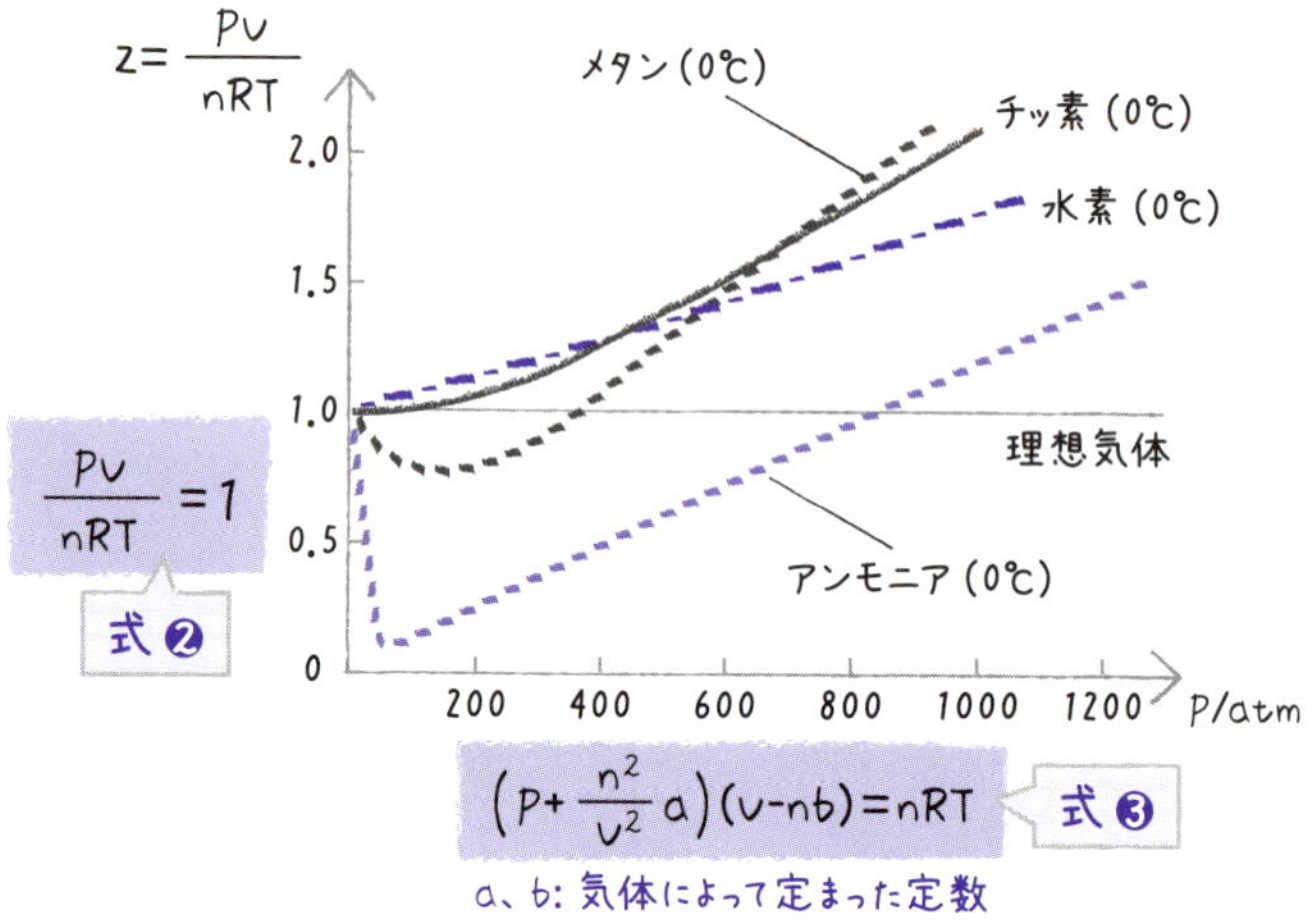

$$\frac{PV}{nRT}=1\cdots\cdots\text{式②}$$

上図は、実際に存在するさまざまな気体による実測データです。実測の値は1から大きく外れています。これは式①（よって式②も）が成立しないことを示すものです。なぜでしょうか？

その前に、気体をもう一度考えてみましょう。気体は分子からできています。分子は水、アンモニアなど、それぞれ固有の形をしています。また、分子のサイズは無視できるほど小さいと言いながら、実際には体積を持っています。その上、分子であるからには分子間力という力も持っています。

つまり、気体分子同士が互いに引き合

うだけでなく、風船の壁との間にも引力が生じています。これが、普通に存在する気体「**実在気体**」なのです。

ところが、前節の式①で仮定している気体は、この実在気体とは大きくかけ離れています。というのは、「理想気体の分子の体積は０であり、したがって形のない点であり、しかも一切の分子間力を持たない分子からできた気体」という仮想的なものなのです。このような気体を、一般に「**理想気体**」と言います。そのため、式①を「理想気体の状態方程式」と呼んだのです。

実在の気体にフィットした状態方程式

では、実際の気体に当てはまる状態方程式はないのでしょうか。もちろん、あります。それが式③であり、実在気体の状態方程式、あるいは発明者の名前をとって「**ファンデルワールスの状態方程式**」と言われます。

$$\left(P+\frac{n^2}{V^2}a\right)(V-nb)=nRT\quad\cdots\cdots式③$$

式①に比べると非常に複雑ですが、一番の特色はａ、ｂという２つが入っていることです。このａ、ｂはそれぞれの気体に対して、実験を行なって決めます。例えば、水素はａ

＝０・２４７、ｂ＝26・６といった数値を入れます。

このように、理想気体と実在気体の間に大きな違いがあるのなら、そもそも理想気体を考える意味があるのか、ということになりそうです。実は、気体分子の動きとその理論的解析は結構難しく、「気体分子運動論」という体系になっているほどです。したがって、まず理想分子を用いて気体分子の動きを大まかに決め、その後、分子ごとに修正を加えたほうが効率的ということになります。

06

「アボガドロの法則」——海に捨てた1杯の水、1億年後は…

【アボガドロの法則】

同じ圧力、同じ温度、同じ体積の場合、すべての種類の気体には同じ数の分子が含まれる。

原子は非常に小さなものです。昔は、物質の根源＝素粒子、とまで考えられていたほどです。しかし、いくら小さいからと言っても、物質である以上、重さも大きさもあります。なんとか測ってみたいものです。

ところで、周期表には、水素＝1、炭素＝12、チッソ＝14、酸素＝16などの「原子量」というものがあります。これは、それぞれの元素の「相対的な重さ」のことです。これをうまく利用できないものか、と……。

「原子には重さがある」と言っても、1つひとつの原子の重さを測定するのは、さすがに厳しいものがあります。けれども、たくさん集まれば測定可能な重さになります。シラスを1匹ずつ売るのは大変でも、たくさん集めたら秤り売りすることができます。それと同じことです。

アボガドロ定数と1モル

こうして、原子をたくさん集め、そのときの重さがちょうど原子量と等しい重さ（原子量は相対的な量なので、そこにグラムをつける）になったとき、その集団の原子の数は、どんな元素でも同じであることがわかりました。そこで、その定数を「アボガドロ定数」と呼ぶことにしました。同じ圧力、同じ温度、同じ体積の場合、すべての種類の気体には同じ数の分子が含まれるのです。これが「**アボガドロの法則**」です。

実際のアボガドロ定数は、6.02×10^{23}個です。概算すると、6×10^{23}個。どこかで見たような数字ですね。そう、このアボガドロ定数の数だけ原子や分子を集めた集団のことを「1モル」と言います。

とんでもなく大きなアボガドロ定数

いま、コップがあります。コップ一杯の水（180ミリリットル＝180グラム）は10モルです。ということは、コップ中には水の分子が、$(6 \times 10^{23}) \times 10 = 6 \times 10^{24}$個も

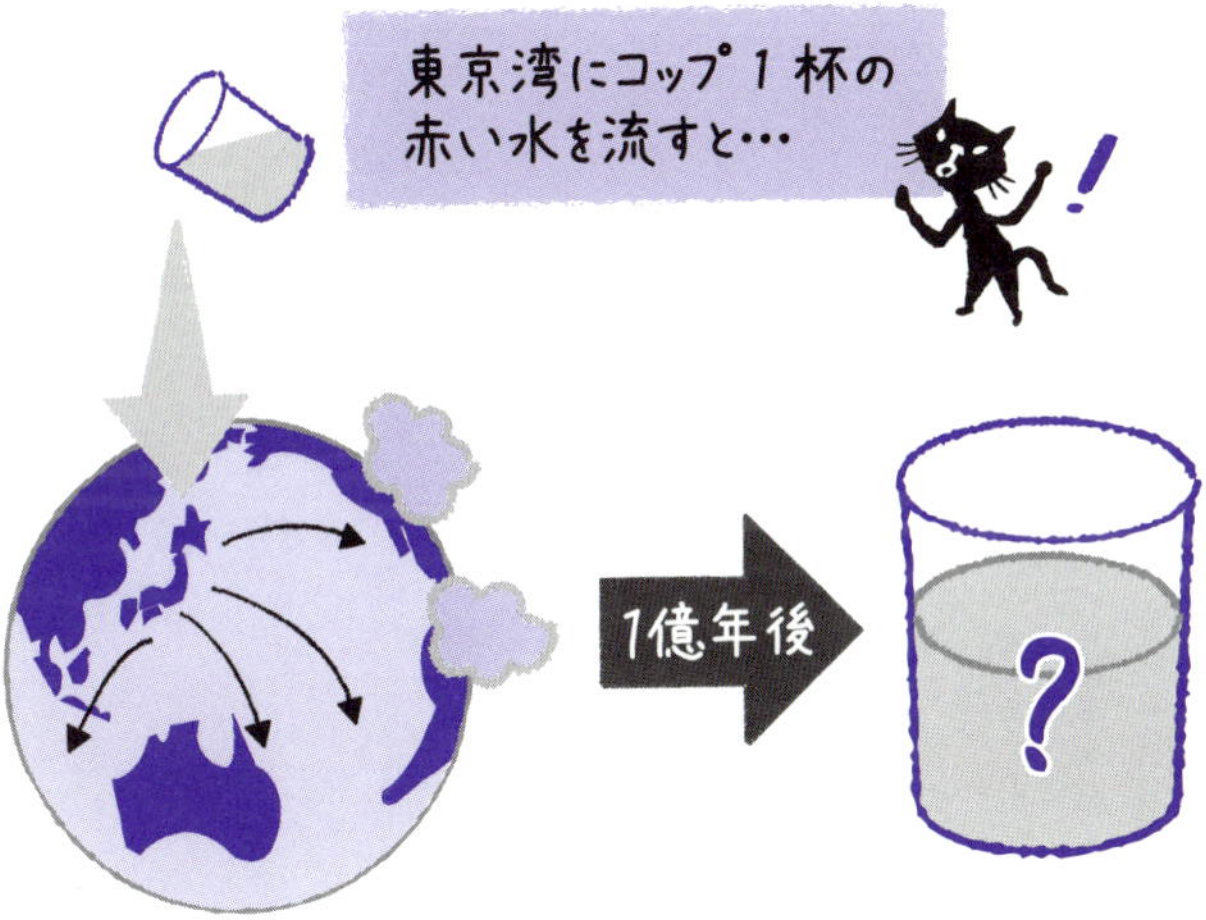
東京湾にコップ１杯の
赤い水を流すと…
!
1億年後
?

入っていることになります。

さて、このコップの中の水分子すべてを赤く着色したとしましょう。それを東京湾の港の海面にポチャンと棄てます。東京湾コップの水は港の海水に混じり、東京湾の水に混じり、太平洋の水に混じり、雲になってアメリカ大陸に渡って雨となり……というように、世界中にバラ撒かれます。何年か何億年か経って（例えば１億年後）、世界中の水に均一に混じったときに、あらためて東京湾に行き、先ほどのコップで海水をくみとります。

ここで、クイズです。

「このコップ１杯の水の中に、赤い水分子は入っているでしょうか？」

直観で結構です。考えてみてください。

わざわざ問題にしたのですから、答えは見当がつくでしょう。そう、入っています。詳細な計算はしませんが、赤い水分子は数百個単位で入っています。アボガドロ定数というのはそれくらい大きな数なのです。

濃度で規制か、総量で規制か

ついでに言うと、公害等で使われるppm、ppbという単位があります。ppmはパーツ・パー・ミリオンで100万分の1（10^{-6}）、ppbはパーツ・パー・ビリオンで10億分の1（10^{-9}）であり、大変に薄い濃度です。しかし、これを分子数で考えると、いまのように別の面が見えてきます。

コップの水分子の中に、「青い水分子」が1ppbだけ混じっていたとしましょう。その個数は$6 \times 10^{23} \times 10^{-9} = 6 \times 10^{14}$個となります。この数は600兆個です。

濃度で考えると実に「微量」に感じますが、個数で考えると「大量」です。どちらで考えるかは各人次第です。しかし、最近の公害規制が、濃度規制から総量規制に変わりつつあるのは、後者の考え方が大勢を占めつつあることを示すものなのでしょう。

Column

年代測定は化学の力

放射性同位体（原子核が不安定で、放射線を出して別の原子に変わるもの）は固有の半減期を持っています。例えば、炭素の同位体である「炭素14」は半減期5730年でβ崩壊し、「窒素14」に変化します。この変化を利用したのが植物の年代測定です。

いま、古い地層から木彫品が見つかったとします。これは、果たして1000年前のものか、はたまた2000年前のものか。隣に江戸時代の茶碗が埋まっていたとしても、それは偶然かもしれません。このようなときに活躍するのが「**炭素年代測定**」です。

空気中の二酸化炭素には一定割合の「炭素14」が含まれています。植物は光合成によって二酸化炭素を取り込みますから、植物中の「炭素14」の濃度は空気中の濃度と同じです。

しかし、この植物が枯死したら、どうでしょうか。もう空気中の二酸化炭素を取り込むことはありません。植物中の「炭素14」は「窒素14」に変化していきます。

もし、植物中の「炭素14」の濃度が空気中の半分になっていたら、どう判断すればいいでしょうか。先ほど、「炭素14」は半減期5730年で「窒素14」に変化する、と述べました。

ですから、植物中の「炭素14」の濃度が空気中の半分になっているということは、その植物が枯死してから半減期＝5730年経ったことを意味します。もし半分ではなく、25％＝1／4だったらどうでしょうか。そのときは、半減期が2回来たと考え、5730×2=11460で、1万1460年経ったことを意味します。このようにして年代を推定するのです……。

「なるほど、納得した！」ですって？　ちょっと待ってください。これで納得されては困ります。「窒素14」に変化するのは植物中の「炭素14」だけではありません。空気中の「炭素14」だって同じように変化します。

すなわち、この論法が成立するためには、空気中の「炭素14」の濃度が一定である、という前提が必要です。そして、この全体条件は成り立つことが知られています。

つまり、地球内部では原子核崩壊が起き、地表には放射線が降り注ぎます。その結果、空気中の「炭素14」の濃度はほぼ一定ということが成り立つのです。これなら安心して「炭素年代測定」が使えそうです。

第４章

ぼくらは「化学」に生かされている
～医療・生命・環境～

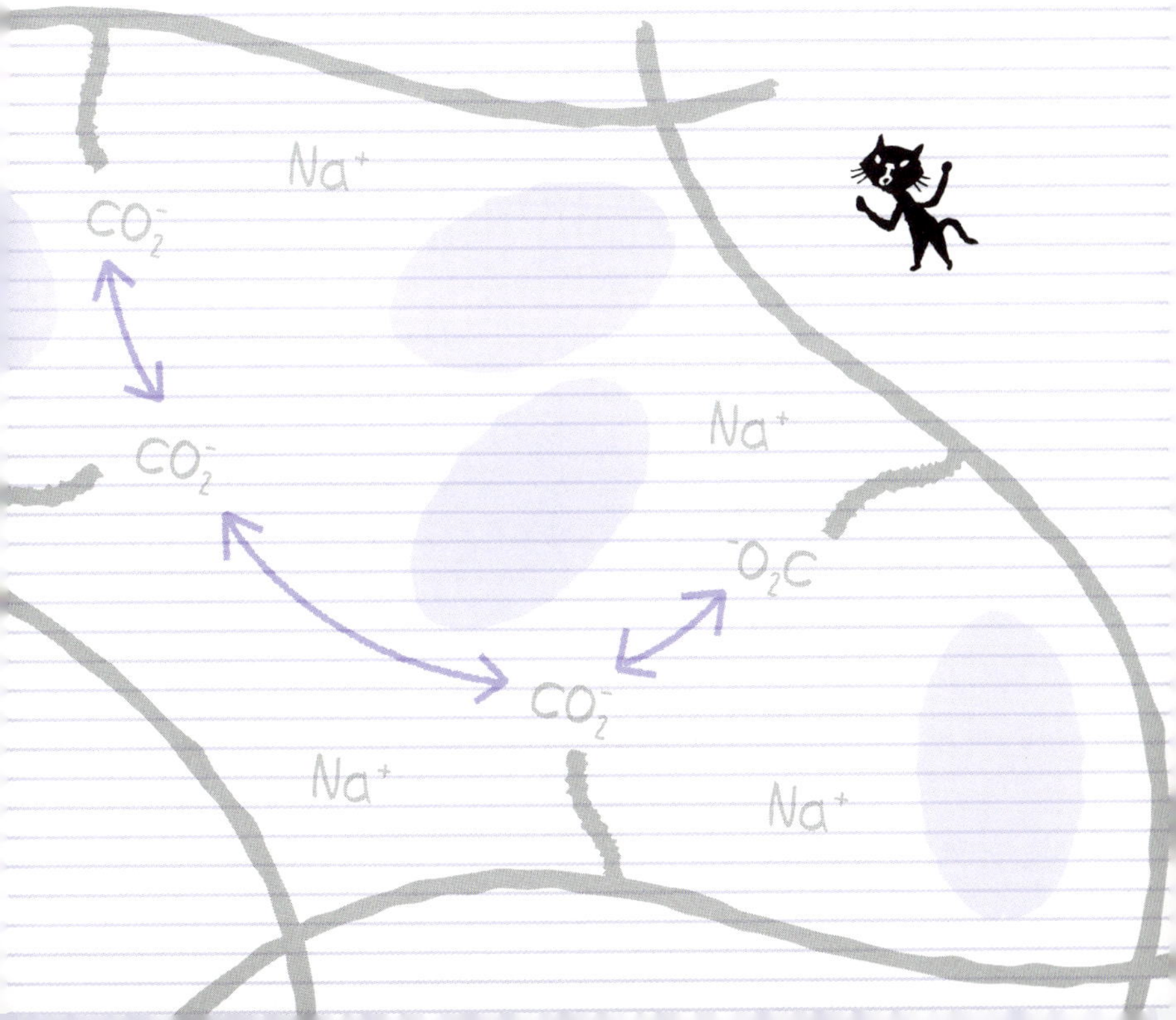

01

「ミラーの実験」――生命は無機物から生まれる？

【ミラーの実験】

無機物からでも有機物が作られることを示した、原始生命に関する最初の実験。

生命体とはなんぞや

「そなたたちはどこから生まれてきたのか。それは神様が作られたのだ。なぜなら、生命体（有機物）は生命体からしか生まれない。そして、最初の生命は神様なのだから」と言われたら、なかなか反論できません。「生命体からしか生命は生まれない」という点を打破しないといけないのですが、それがなかなか難しい……。

実際、かつては「生命体を作るものを有機物」と言い、その「有機物を創造することができるのは生命体だけである」と考えられていたのです。

「化学」の目で見ると、生体に重要な化学物質は、すべて「有機物」と呼ばれるものばかりです。有機物とは、「炭素」と「水素」を主な構成元素とした化合物のこと。そして、かつては生命体に由来する化合物だけが有機物と呼ばれました。その当時、有機物を作ることができるのは有機物だけである、と考えられていたからです。すなわち、生命体を作る可能性があるのは有機物に限られる、ということ。

しかし、これでは生命体の存在する地球上には、誕生当時から有機物（生命体）が存在しなければならないことになります。地球の誕生時は溶融した岩石だった、とする地球物理学的な知見と矛盾します。

原始地球を模したミラーの実験

そのような当時の学会に新風を吹き込んだのが、シカゴ大学の大学院生スタンリー・ミラーが１９５３年に行なった実験でした。彼は、カリフォルニア大学時代の恩師ハロルド・ユーリーの「原始地球の大気は、水素やメタンやアンモニアが存在する還元性の気体であった」という説を信じていました。そこで、これらのものから有機物が生まれるのではないかと考え、次ページの図のような実験装置を自作して実験を行なったのです。

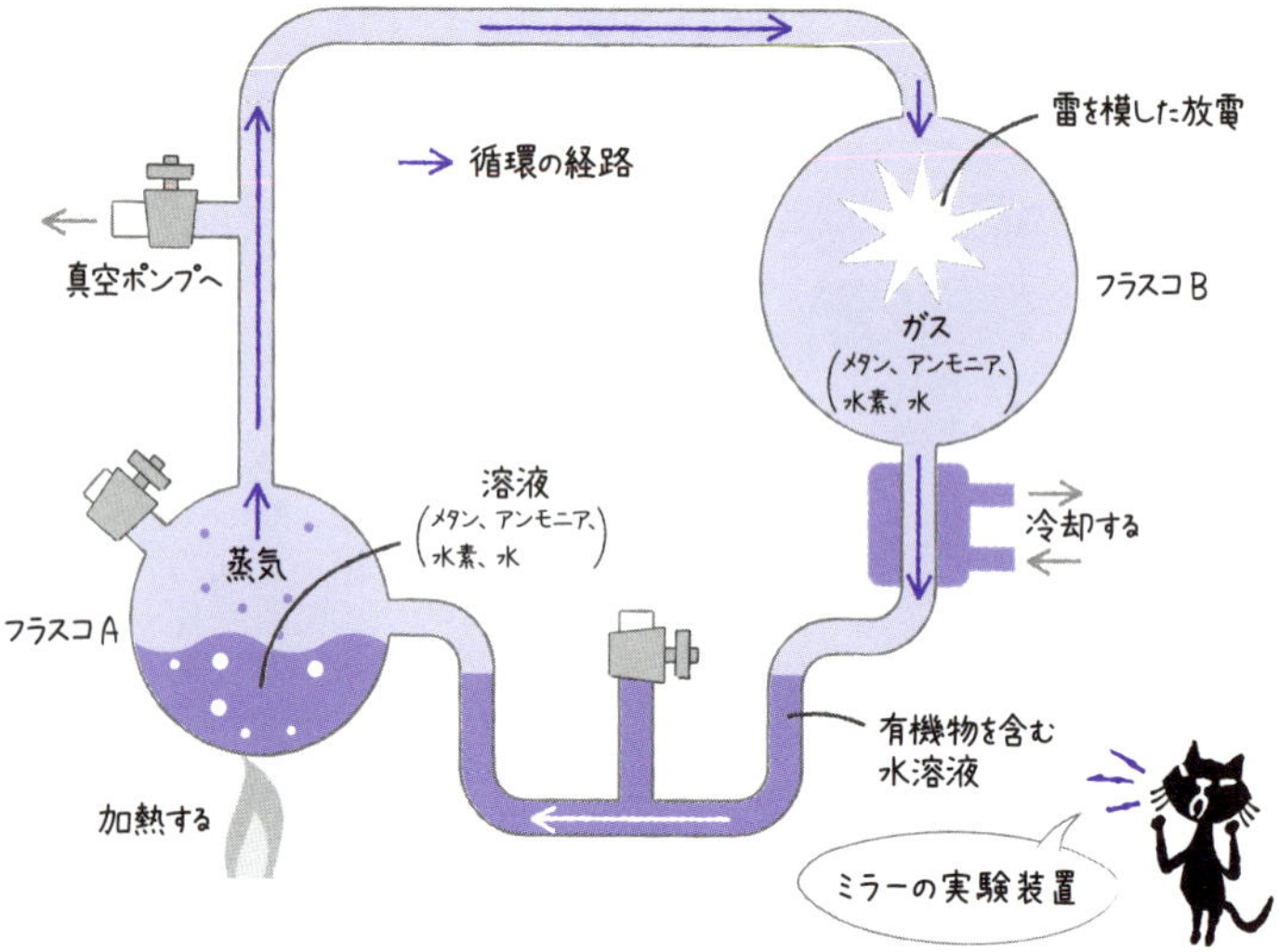

フラスコAに水と水素、メタン、アンモニアを入れ、加熱・沸騰させました。これらの物質はいずれも「無機物」とされ、原始地球を再現したもの。もし、ここから有機物が生まれたら、それまでの常識をひっくり返せます。

生じた蒸気はフラスコBに導かれ、そこで放電されます。これは、原始地球に頻繁に起きていたであろう雷を模倣したものです。そこから導かれた蒸気は冷却され、再び加熱中のフラスコAに戻されます。

実験開始後1週間ほど経ったとき、溶液は着色し、最終的には赤っぽくなりました。そして、この溶液を分析したところ、何と有機物である「アミノ酸」が検出されたのです。

無機物から生命が生まれる！

この実験で得られたアミノ酸こそは、タンパク質の構成要素であり、まさしく生命を担う物質と考えられたものでした。その成果の革新性から、実験者の名前を取って「**ミラーの実験**」と呼ばれるようになりました。

ところが、その後の地球物理学の研究により、原始地球の大気はユーリーの考えた還元性気体ではなく、二酸化炭素やチッソ酸化物などの酸化性気体が主成分であったと考えられるようになりました。実は、このような酸化的な大気中での有機物の合成は著しく困難なのです。このことから、現在ではミラーの実験そのものは、過去のものと考えられることが多くなりました。

しかし、無機物と有機物は相互変換が不可能ではなく、適当な条件さえ満たされれば、「無機物が有機物に変化する可能性がある」ことを示した画期的な実験でした。その可能性がなかったら、地球上の生命体はどこか他の天体から運び込まれたものと解釈せざるを得ないからです。

02

「浸透圧」――魚が海で生きられるワケ

【浸透圧】

濃度の異なる２種類の液体を半透膜で２つに区切ったとき、互いに同じ濃度（溶媒）になろうとする力のこと。

新鮮でシャッキリした青菜に塩をすると、漬物のようにしんなりとします。まさに「青菜に塩」。青菜の細胞膜は「**半透膜**」という構造になっていて、ある分子は通すが、ある分子は通しません。つまり、水は通すが、塩などのイオン類は通さないのです。そのため、細胞内の水分が塩によって体外に排出された結果、しんなりすると説明できます。

　これをうまく活用しているのが魚（淡水魚、海水魚）です。また、それが化学の分野でも「未知の分子の分子量を決定する」という大きな仕事を果たしてきました。それらはどのようなもので、どのような化学的なしくみなのでしょうか。

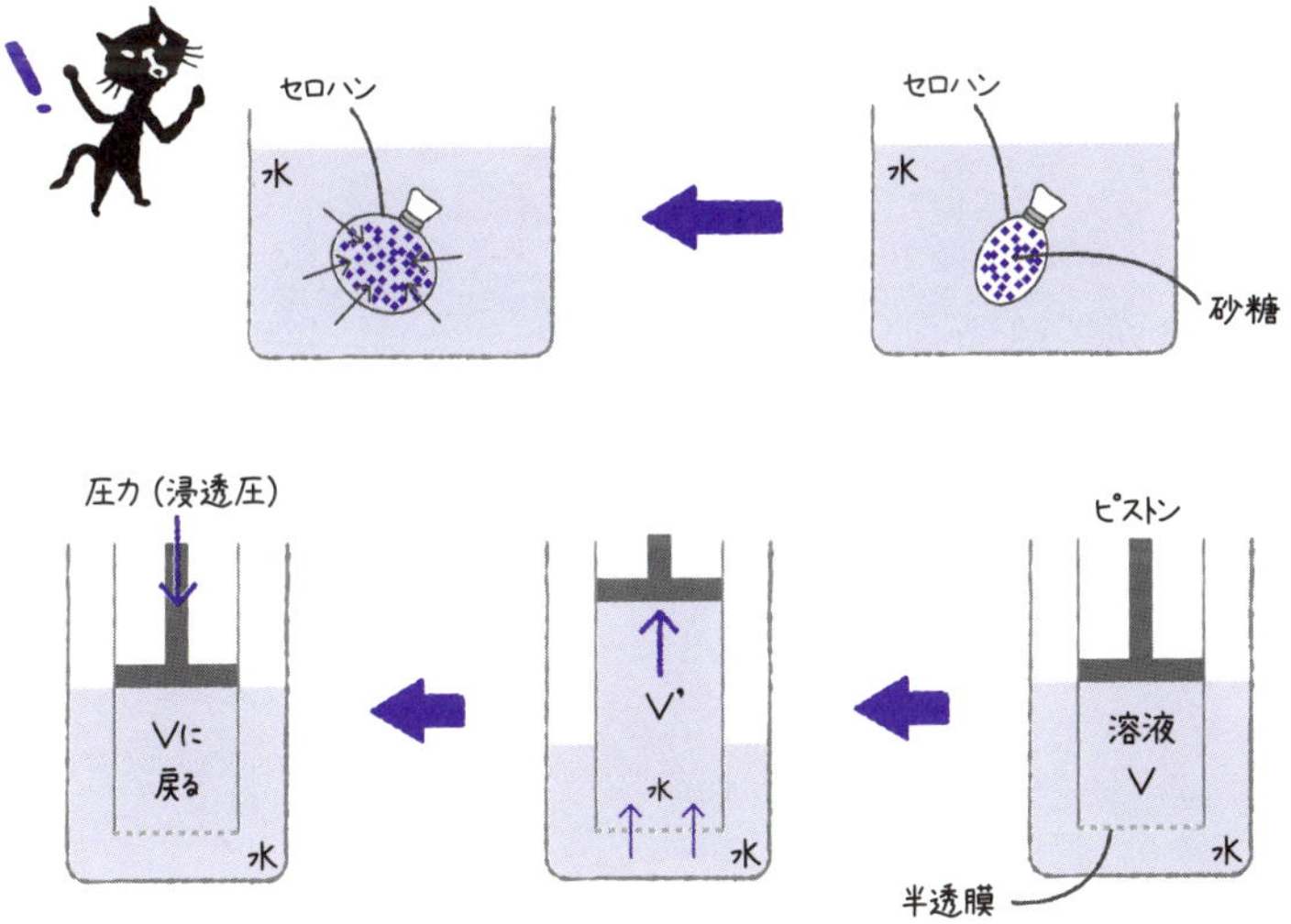

半透膜で行き来を制限する「浸透圧」

布袋に砂糖を入れ、水の入った鍋に沈めます。長時間経った後、鍋の水を舐めてみると甘くなっています。砂糖が溶け出したからです。

しかし、セロハンでできた袋で同じことをやっても、鍋の水は甘くなりません。逆に、セロハンの袋には水が大量に入り、パンパンに膨らみます。

これは「布袋は水も砂糖も両方を通すので、砂糖が水中に溶け出したことによって甘くなった（当然です）。それに対してセロハン（半透膜）は水分子を通すが、大きな分子（砂糖分子は水分子より大きい）を通さない。水はセロハンの袋の中に浸透するが、溶けた砂糖は袋の外に出ていかないから、鍋の水は甘くならない」と説明できます。

この話を、もう少し化学っぽく話すと、次のようになります。

底面に半透膜を貼ったピストンの中に、ある濃度の溶液を入れ、ピストン全体を水槽に沈めて両者の水面の高さを同じにします。長時間経つと、ピストン内部に水が入るため、ピストン内の水面が上昇します。このとき、ピストンに圧力を掛けたところ、水面は下がって水槽の水面と一致したとします。このときの圧力を「**浸透圧**」と言うのです。

ファントホッフの法則と分子量の決定

19世紀のオランダの化学者ファントホッフは、この現象から「**ファントホッフの法則**」を発見しました。それは、「**浸透圧は溶液のモル濃度と絶対温度に比例する**」というもの。すでに何度か見てきたので、文章よりも式で表わしたほうが簡単でしょう。というのも、気体の状態方程式（PV = nRT）の変形バージョンだからです（これは気体の式で、変形というのは液体に適用するので）。

Vは溶液の体積（気体の体積ではない）、nは溶液に溶けている溶質のモル数、Tは絶対温度、Rは気体定数（これは同じ）です。気体の状態方程式では圧力をPで表わしましたが、「液体の浸透圧」であることを強調するため、ここではΠ《パイ》というギリシア文字を使います（Pと同じ）。

$$\Pi V = nRT$$

よって、浸透圧＝Πは両辺をVで割って、

$$\Pi = \left(\frac{n}{V}\right) RT$$

浸透圧Πは「モル濃度（n/V）と絶対温度Tに比例する」という、先ほどのファントホッフの法則が見えてきます。これを見ると、文字で覚えるより式のほうが簡単な気がします。

ファントホッフの式は、かつては未知の分子の分子量を決定するのに便利に用いられました。どうするかというと、分子量が不明の分子をｍグラムだけ水に溶かし、体積Ｖの溶液にします。そのときの浸透圧を計測したところ、Πと判明したとしましょう。

ファントホッフの式を変形して、

$$n(\text{モル}) = \frac{\Pi V}{RT}$$

という式が得られます。この式に、いま計測した浸透圧の値を代入すれば、モル数ｎが求められます。これは、この実験に用いた「mグラムの分子が未知物質のnモルに相当する」ことを示すものです。したがって、未知分子の分子量は次式で求めることができます。

$$分子量 = \frac{m}{n}$$

なぜ、魚はしんなりしないのか

冒頭で、「細胞膜は水を通すがイオンを通しにくい半透膜性の膜」と言いました。これは、細胞膜で覆われた生物（動物、植物）は、塩に浸かると死んでしまうということ。では、一生を水に浸かって過ごす魚はどうなるのでしょう。

魚の体液の濃度はどのくらいか、ご存じでしょうか。淡水魚も海水魚もほとんど変わらず、淡水より濃く、海水より薄いというのが答えです。そうすると、淡水魚の体内には水が入ってきます。このままではパンパンに膨らんで、すべてがメタボ状態、あるいはフグ状態となってしまいます。そこで、活躍するのが腎臓です。腎臓がせっせと働いて水を濾《こ》し出して、オシッコとして体外に排出するのです。

一方、海水魚はどうでしょうか。体内から水が出てしまい、そのままでは干物になってしまいます。そこで、せっせと海水を飲んで水だけを体内に吸収し、塩分はエラから棄てているのです。

それでは、サケなどの海水でも淡水でも生きられる魚は海水魚なのか、それとも淡水魚なのか？　その答えは卵が鍵を握っています。サケの卵は粒が大きく、他の魚に比べて極端に少ない個数です。また、卵の比重は海水より小さく、しかも粘性がない。

このような卵を海で産んだら、水中をフラフラと漂って他の魚の格好のエサになるだけです。サケの卵の場合、淡水中でこそ底に沈んで岩陰に隠れることができます。ということで、サケは淡水中で産卵し、孵化《ふか》することが前提となっているので、「淡水魚である」ということになっているようです。

ちなみに、「ナメクジに塩をかけると死ぬ（小さくなる）」とも言われます。これはナメクジの細胞膜が半透膜のせいで、体液が細胞外に出ると説明されることが多いようです。しかし、本当は水分が抜け出したせいではなく、ナメクジ自身が防御反応によって外部の粘液質部分を脱皮したためと言われており、浸透圧とは無関係のようです。

03

人工透析を可能にする「半透膜」

【半透膜】

一定の大きさ以下の分子だけ、あるいはイオンだけを透過させる膜。

前節では浸透圧の話の中で、ファントホッフの法則や半透膜のメカニズムの話をしました。とりわけ魚の生態については興味深いものです。

しかし、半透膜の活躍の場は「医療にあり」と言っても過言ではありません。我々の生命を助けてくれる重要な仕事を果たしているのです。そこで、この節では、引き続き半透膜がどのように役立っているのか、その実例を「人工透析」で見てみましょう。

半透膜が通さないものとは

「半透膜」は物質によって通したり、通さなかったりするものです。つまり、「小さな分子を通すが、大きな分子を通さない膜」ということ。

しかし、これでは「水は通すが、塩が電離して生じるナトリウムイオン Na^+ や塩化物イオン Cl^- は通さない」という現象を説明できません。例えば、「青菜の分子膜は水を通すが、塩などのイオン類を通さない」というケース。「大きさ」だけで説明するのは無理があるのです。ファントホッフの法則も、半透膜は溶媒分子は通すが、イオンなどの溶質は通さないと説明されていたりします。

実際には、「半透膜とは、一定の大きさ以下の分子だけ、あるいはイオンだけを透過させる膜」と考えるのが普通です。このイオンなども含めた「半透膜」の活躍を、医療現場で見ていくことにしましょう。

人工透析での半透膜の役割

半透膜によって仕切られた2種類の溶液は、その成分濃度によって、半透膜を通して分子やイオンのやり取りをすることができます。この膜を利用したものが、腎臓疾患を持つ患者が行なう「**人工透析（血液透析）**」です。

腎臓が悪くなると、色々な障害が出ます。その対処療法の1つに、人工透析があります。

人工透析器は、透析膜という特殊な膜でできた細管（ダイアライザー）を、透析液を入れ

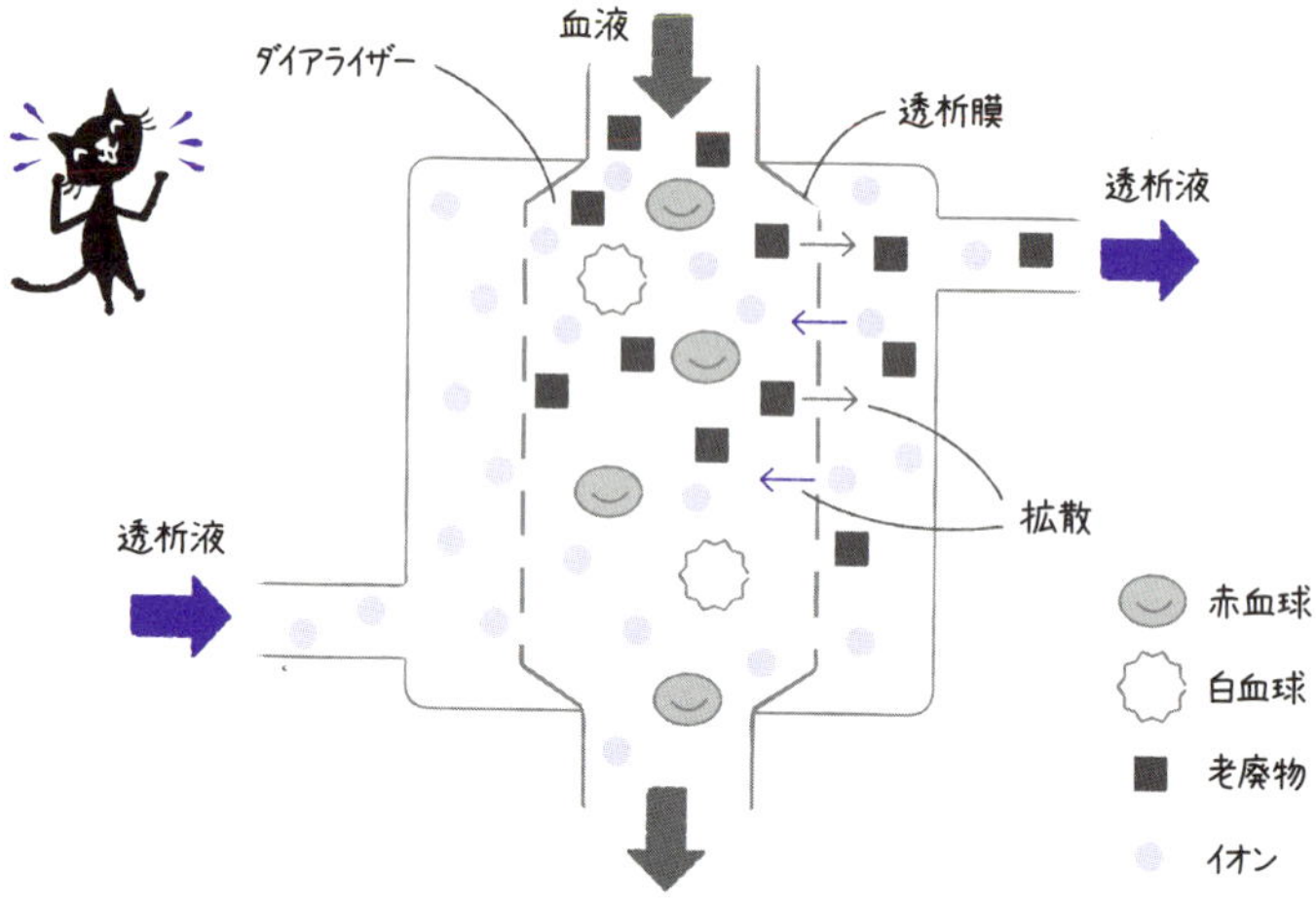

人工透析器のしくみ

た容器に浸けたものです。

患者の血管をダイアライザーの入口につないで血液を流した後、ダイアライザーの出口を患者の血管につないで体内に戻します。この結果、血液はダイアライザーを通っている間、半透膜を挟んで透析液と接することになります。

透析膜というのは半透膜の一種で、目の細かい篩《ふるい》と考えればよいでしょう。要するに赤血球や白血球のような大きいものは通さないけれど、水などの小さな分子は通すというものです。

透析液は生体の機能を保ち、調節するために必要な各種のイオンや小分子を溶かした水溶液です。血球は「半透膜で包まれた液体」と考えることができます。血球の中には色々な成分が入っていますから、浸透圧が高くなっています。この血球を浸透圧の低い液体、例えば水の中に入れたらどうなるでしょうか。血球の中に水が入り込み、血球はパンパンに膨らんで最後には破裂してしまいます。

反対に、高濃度の食塩水のように浸透圧の高い液体に入れたら、血球から水分が抜けてシワシワになってしまいます。このようなことがないように、透析液の浸透圧は血液と同じにしてあります。これを「等張液」と言います。

半透膜で老廃物を取り除き、養分を供給する

人工透析器の機能は大きく3つに分けることができます、1つは血液からの脱水、2つ目は血液中の老廃物などの有害物質の除去、そして3つ目が生体に必要な各種養分やイオンの補給です。

透析の1つの目的は、腎臓機能が弱まったため、水分の多くなった血液から余分な水分を除くこと。透析液は等張液ですから、血液から脱水する能力はありません。そのため、血液から水分だけをろ過します。この場合には、透析膜がろ紙の役割をします。

すなわち、血液と透析液にかかる圧力を変えるのです。ダイアライザーの出口側の管径

を細くして血液の圧力を高めるか、負の圧力（吸引力）をかけて透析液の圧力を低めます。

このようにすると、血液側から透析液側に水分が沁み出すことになります。

ところで、老廃物は血液側だけにあり、透析液側にはありません（血液側の老廃物の濃度が高い）。そのため、老廃物は透析膜を通して透析液側に移動します。これは、濃度が高いところから低いところへ移動するためです。

反対に、患者に必要な養分や各種イオンは透析液側の濃度が高くなっています。このため、透析膜を通って血液側に移動します。

このように、透析によって血液は老廃物を除かれてきれいになり、同時に人体に必要なイオンを補給される機能を果たしているわけです。

04

ぼくらの体を作っている「天然高分子」

【天然高分子】

糖質、タンパク質、DNAなど生体を形作っている高分子のこと。

「人間の体は何でできているか」と聞かれて、真っ先に浮かぶのは「骨格＝カルシウム」かもしれません。確かに骨は目につきやすいですが、人間（生物）の体の主要な部分は、炭素と水素でできています。つまり、有機物です。

人間を作る有機物にはたくさんの種類があります。中でも、多糖類（デンプン、セルロースなど）、タンパク質（筋肉、コラーゲン、ヘモグロビンなど）、核酸（ＤＮＡ、ＲＮＡなど）は、すべて「**天然高分子**」と呼ばれる高分子です。私たちは、その意味で高分子のおかげで生きていると言えます。なお、高分子とは、単純な「単位分子」がたくさんつながった分子のことです。

「天然高分子」が異変を起こすと……

人間はもちろん、生物の体を作っている天然高分子。その代表的なものに「**タンパク質**」があります。身近過ぎて逆に関心が薄いかもしれませんが、タンパク質もアミノ酸を単位分子とした、れっきとした高分子です。アミノ酸にはたくさんの種類がありますが、タンパク質を作るものは20種類に限られています。

タンパク質の構造は立体的で（当然ですが）、複雑かつ正確です。折り鶴の構造より、もっと複雑でしょう。もちろん、同じタンパク質なら、すべてキチンと同じ形に折りたたまれています。もし、間違ったたたみ方をされたら、そのタンパク質はもはや正規のタンパク質としての用をなしません。それどころか害になります。

なぜそんな話をするかというと、実例があるからです。それが、あの狂牛病（牛海綿状脳症）です。狂牛病の原因は毒物でもウイルスでもありません。正規のタンパク質であるプリオンが、変なたたみ方になったために起きたものなのです。

DNAを作るヌクレオチドは「旨み」成分

生物の体と言えば、代表的なものがもう1つあります。「核酸」です。DNAやRNAと呼ばれているものです。DNAは母細胞から娘細胞に遺伝情報を伝達します。すなわち、親の形質を子に伝えるという、遺伝の本質部分を担うのがDNAの役目なのです。それに対し、RNAはタンパク質を作るという、言わば現場での実行部隊です。

DNAやRNAが、なぜ高分子なのか。それは「ヌクレオチド」という単位分子がたくさんつながった天然高分子だからです。ヌクレオチドという名前は、化学に強い人しか知らない、ふだんの生活には縁遠い言葉かもしれません。けれども、鰹節の旨みのイノシン酸や、シイタケの旨みのグアニル酸という名前は聞いたことがあるのではないでしょうか。これらは要するにヌクレオチドの一種なのです。

旦那さんが「今夜の味噌汁はうまい！」と言ったときには、料理用語ではなく「DNAのヌクレオチドを使っているからよ」と化学用語を並べてみてはいかがでしょうか。

05

砂漠の緑化に使える「機能性高分子」

【高吸水性高分子・機能性高分子】

人間に特に役立つように作られた高分子のこと。高吸水性、イオン交換などに特化したさまざまな種類がある。

「機能を持たない高分子」なんてものは世の中に存在しません。ありふれた（失礼！）ポリエチレンや塩ビだって、惣菜入れやバケツとして機能し、私たちの生活を助けてくれています。

しかし、高分子の中には特定の機能に特化し、その機能が卓抜しているため、極めて役立つものがあります。このようなものを特に「**機能性高分子**」と言います。

機能性高分子の中でも、最たるものは前節で紹介した「天然高分子」です。タンパク質の酵素機能、ＤＮＡの遺伝機能など、その機能の解明は人間にできても、その発案やアイデアは神がかりとしか言い

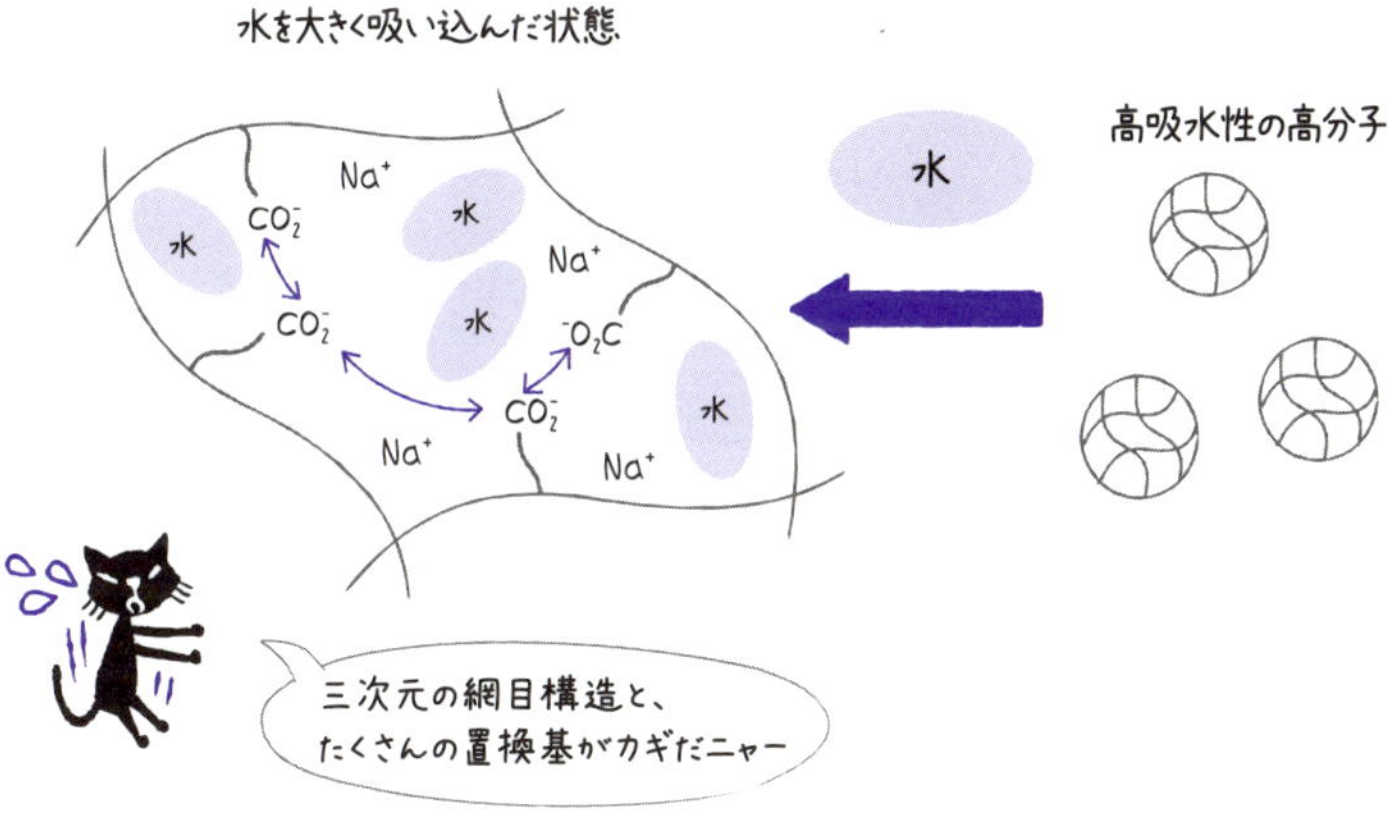

ようがありません。

高吸水性高分子の凄み

高吸水性高分子は、紙オムツや生理用品などとしてよく知られた高分子です。「水を吸う」という機能で言えば、タオルや雑巾、ティッシュペーパーでもできます。しかし、自重の1000倍の水を吸うとなったら、タオルや布も、さすがにたじろいでしまうのではないでしょうか。

布や紙が水を吸えるのはなぜでしょうか。多くの人は、「毛細管現象だ」と言います。確かにそのとおりですが、それは「現象」に過ぎません。「毛細管は水を吸う」という現象の説明にはなっていますが、「なぜ（毛細管現象で）吸うのか」を説明することこそ、本書のメインテーマ「原理・法則」です。

毛細管現象が起きる「理由」は何なのでしょう。これは、毛細管の器壁と水分子の間の分子間力という引力のおかげです（分子間力の説明は次節で読んでもらうことにしましょう）。

砂漠の緑化の切り札にもなる

なぜ、自重よりも1000倍もの水を吸えるのか。高吸水性高分子の構造には2つの大きな特色があります。その1つは三次元の網目構造です。このおかげで、分子間力で吸着された水分子は網目構造に囲われて、逃げることができません。

もう1つの特色は、たくさんの置換基というものを持っていることです。水を吸うと、この置換基が電離し、電離した置換基（マイナスの電荷）は静電反発（マイナスの電荷同士）の力によって互いに退け合います。その結果、網目構造はみるみるうちに広がり、さらに多くの水分子を吸収することになります。この繰り返しによって多くの水を吸収し、かつ保持することができるのです。

高吸水性高分子の用途は、紙オムツだけではありません。砂漠にこの高吸水性高分子を埋めて、その上に植樹すれば、植物に水をあげる給水の間隔を大幅に広げることができるのです。それは砂漠の緑化に大きく役立ちます。

イオン交換高分子は魔法のパイプ

人類のために非常に役立っている機能性高分子として、「**イオン交換高分子**」を忘れることはできません。これは、あるイオンを他のイオンに交換する高分子です。簡単に言えば、ナトリウムイオン（Na^+）を水素イオン（H^+）に、塩化物イオン（Cl^-）を水酸化物イオン（OH^-）に変えるものです。

これは例えば海で遭難したときに役立ちます。まわりに豊富な水があるのに飲むことができないのは、海水が塩、すなわちNa^+とCl^-を含んでいるからです。イオン交換高分子は、これをH^+とOH^-というイオンに変えることで、「海水→淡水」に換えられるのです。

イオン交換高分子には2種類あります。陽イオンのNa^+などを同じ陽イオンのH^+などに変える陽イオン交換高分子と、陰イオンのCl^-などを同じ陰イオンのOH^-などに変える陰イオン交換高分子です。この両方をパイプに詰め、上方から海水を流せば、下方からは真水が流れ出ることになります。まさに魔法のパイプです。

この淡水化装置のポイントは、一切の動力やエネルギーが必要ないこと。これが救命ボートに積んであったら、どれほど心強いことでしょう。また、海岸近くの避難所で飲料水の不足に悩むこともなくなります。

しかし、この高分子の能力も無限ではありません。高分子の持っている H^+、OH^- イオンがすべて Na^+、Cl^- イオンに置き換わってしまったら、イオン交換能力も枯渇します。

ただ、安心してください。この能力を使い切っても、陽イオン交換高分子には塩酸 HCl、陰イオン交換高分子には水酸化ナトリウム水溶液 NaOH を流せば、もとの高分子に蘇ってまた海水をせっせと真水に換えることができるようになるのです。

06

「分子間力」が生命を作る

【分子間力】

分子同士の離れた部分の間で働く力。

お風呂では石鹸で顔や体を洗うことで、体に溜まった汚れを落とします。台所では皿を洗うのに食器用洗剤を使い、洗濯機では衣類の汚れを洗濯用洗剤でキレイにします。毎日使う石鹸や洗剤。これらは、どのようにして汚れを取り去ってくれているのでしょうか。

石鹸や洗剤は「界面活性剤」と呼ばれるもので、水と仲のよい部分（親水性）と、油と仲のよい部分（親油性、疎水性）の両方を持っています。親水性の部分が衣類などの間に水と一緒に入り込んで、親油性の部分が汚れと結びつき、その汚れを取り囲むようにして取り除くのです。

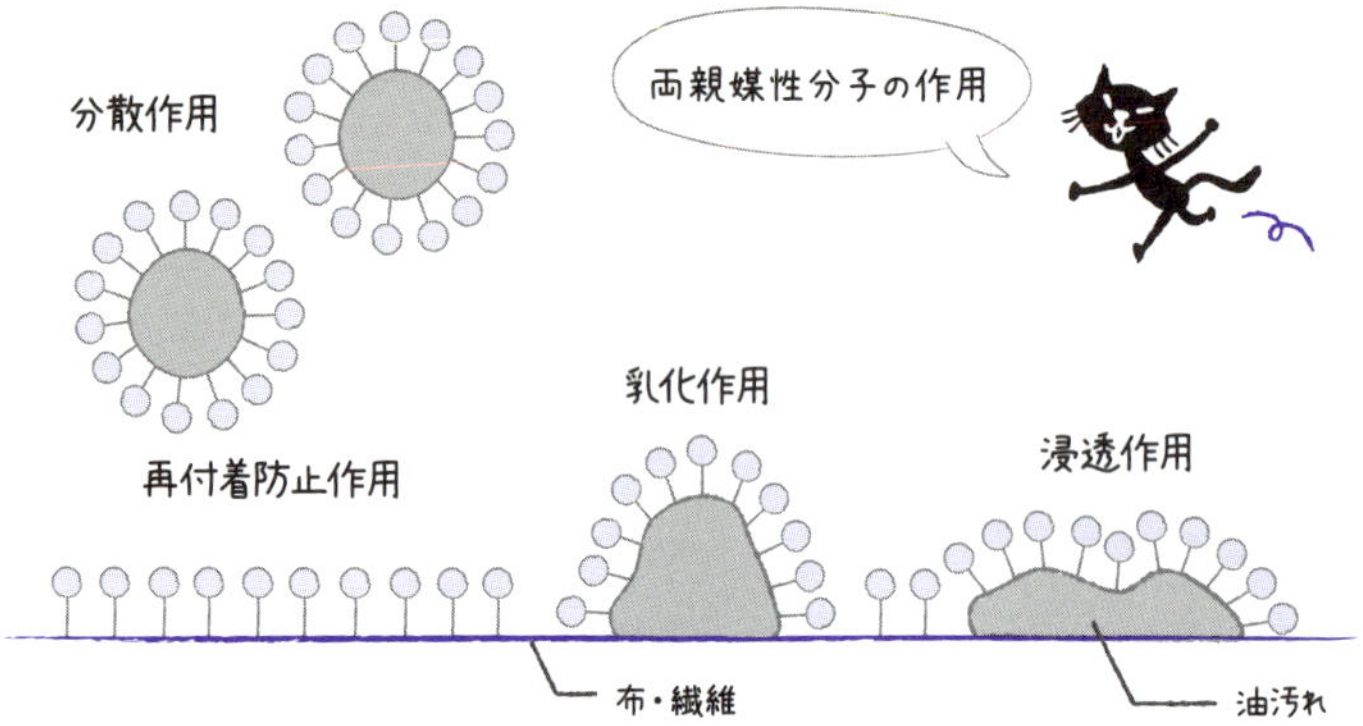

上図のように丸く取り囲んでいますが、これは生体内の細胞と同じしくみで、「分子間力」と呼ばれる力によるものです。

水に溶け、水に溶けない両親媒性分子

分子には、水に溶ける「**親水性分子**」（食塩、塩化ナトリウムなど）と、石油のように水に溶けない「**疎水性分子**」があります。疎水性分子は「親油性分子」と言うこともあります。

ところが摩訶不思議なことに、数ある分子の中には、1つの分子の中に「親水性の部分＋疎水性の部分」を併せ持つ珍しいものもあるのです。それを、特に「**両親媒性分子**」と呼んでいます。

洗剤分子はこのような両親媒性分子の典型で、私たちはその特性をうまく利用しているのです。洗剤は炭化水素でできた疎水性部分と、イオンで

できた親水性部分の２つを持っています。普通、親水性部分を○で、疎水性部分をシッポのような直線で表わします。

両親媒性分子を水中に入れると、親水性部分は水中に入りますが、疎水性部分は水の中に入るのを嫌がります。その結果どうなるか。両親媒性分子は逆立ちをしたような形で水面に留まるのです。

分子の個数をたくさん増やすと、水面はビッシリと分子で覆われます。この状態の分子集団はまるで膜のように見えるので、「分子膜」と呼ばれます。ただ、分子膜を構成する分子の間に、結合はありません。あるのは、一般に「**分子間力**」と呼ばれる非常に弱い引力だけです。

分子間力が非常に弱いため、いつまでも分子膜の中でまとまっているわけではなく、平気で集団から離れていく分子もあります。と言っても、離れた後、すぐに戻って来たりと自由自在です。

シャボン玉の正体

分子膜は１枚だけの膜を「単分子膜」、２枚重ねのものを「二分子膜」、たくさん重なったものを「累積膜」（あるいは研究者の名前から「ＬＢ膜」）と呼びます。

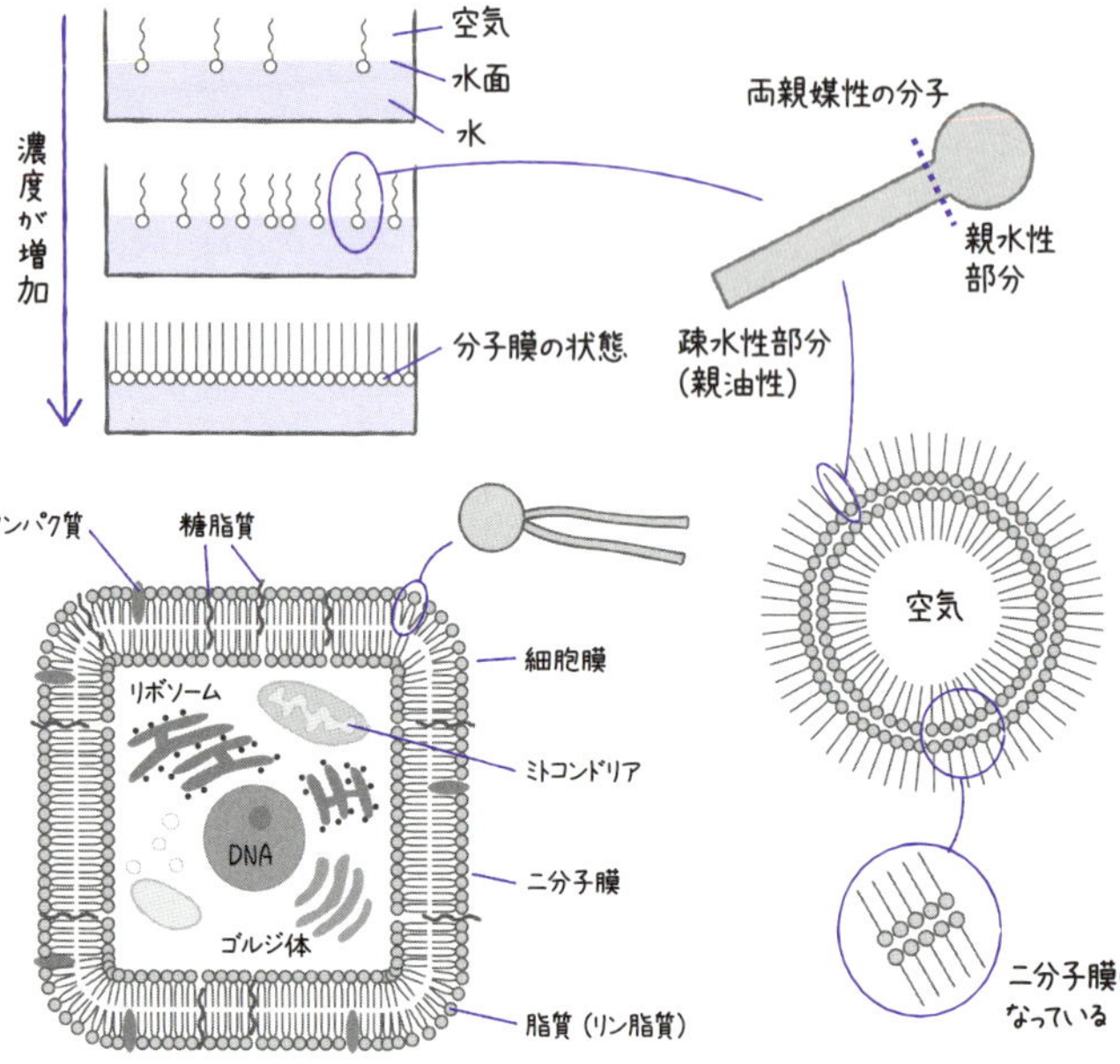

石鹸水で作る袋状のシャボン玉も分子膜の1つです。単分子膜でできた袋を「ミセル」、二分子膜でできた袋を「ベシクル」（シャボン玉はこちら）と言います。膜の合わせ目には親水基があるので、水分子はこの間に挟まります。袋の内部は空気なので、シャボン玉は割れやすくなっています。割れたら、もとの石鹸分子に戻り、またシャボン玉になることもできます。

「細胞膜」こそ生命体のしるし

少し大きな話になりますが、

「生命体か、生命体でないか」は、何で区別するとお考えでしょうか。答えは、「細胞膜を持っているか否か」で決まります。ウイルスは細胞膜がないため生命体ではないと判断されます。

この細胞膜こそ、リン脂質という両親媒性分子でできたベシクル（袋状の二分子膜）です。リン脂質は1個の親水性部分と、2個の疎水性部分のある分子です。尾が2本あるのです。

細胞膜には、ベシクルの基本部分にたくさんの不純物（主に脂質、コレステロール、タンパク質）が挟まっています。

なお、細胞に養分が近寄ると、細胞膜は凹みを作って養分を包み込み、凹みが深くなって細胞の中に運び込まれます。細胞内の老廃物は、逆の手順で細胞外に出されます。まるで、石鹸の分子が汚れを運ぶのに似ています。

DDSは「医薬品の体内宅配便」

このように、分子膜は細胞膜の基本部分と言ってもよいものですから、その利用法も医療的なものが多くなります。その例として考えられているのが、**DDS**（Drug Delivery System）です。

ＤＤＳは、「医薬品の体内宅配便」のようなもの。例えば、抗ガン剤の副作用の1つに、誤って健康な細胞まで攻撃してしまう、ということがあります。そのようなことのないように、ガン細胞だけに的を絞って抗ガン剤を届けようというのがＤＤＳの考えです。

分子膜を用いたＤＤＳの場合、まずベシクルの中に抗ガン剤を封入し、次にベシクルの分子膜にガン細胞のガンタンパク質などを埋め込みます。すると、このガンタンパク質がアンテナ役をし、ＤＤＳベシクルをガン細胞に誘導するのです。

07

体内の化学工場をコントロールする「酵素」

【酵素】

生体内で起こるさまざまな化学反応に対し、触媒作用として働く分子。

工場では、「触媒」がさまざまな化学反応の主役、あるいは脇役として活躍しています。反応速度を上げる、効果的な仕事をするのが触媒の役割ですが、同様の有機化学反応が生体内でも行なわれています。生物はその反応によって食べたものを酸化、分解して生命活動に必要なエネルギーを取り出し、ホルモンなどの化学物質を作り出しています。つまり、生体は化学実験室や化学工場のようなものなのです。

このような有機化学反応を実験室や工場で行なおうとすると、酸や塩基などの触媒を加え、さらに数百℃以上、数十気圧という高温・高圧力のもと、何時間も加熱し続けなければならないことも珍しくあ

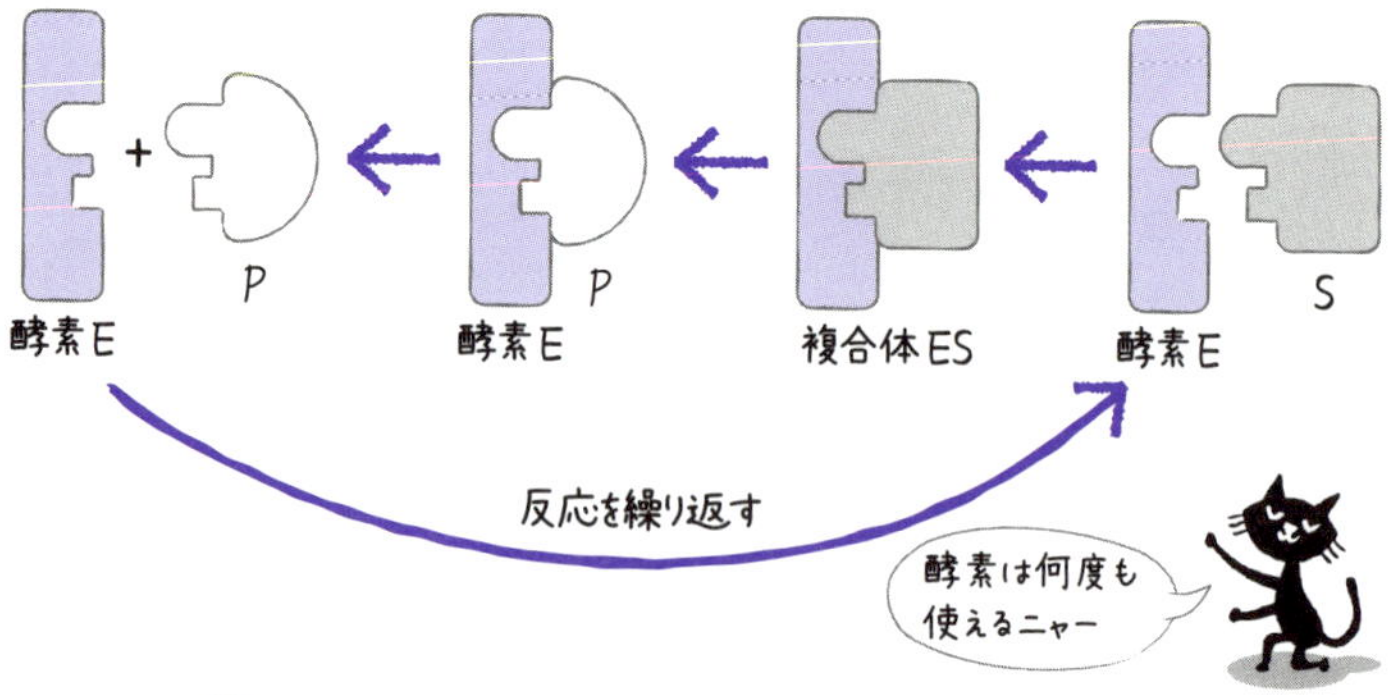

りません。

ところが、生体は同じ有機化学反応を30℃ちょっとの体温で効率的に行ないます。これは「**酵素**」という物質が反応を助けているからなのです。酵素はタンパク質ですが、その働きは工場などで使われている触媒とまったく同じです。つまり、酵素はタンパク質でできた触媒なのです。

この酵素は体内ですごい仕事をしています。すでに指摘したようにホルモンを作ったり、細胞分裂を促したり、ケガを直す（代謝酵素）、あるいは食べたものを消化するのを助ける（消化酵素）のも、すべて酵素の働きによるものです。

何度も使える酵素

酵素はどのように働いているのか、そのしくみを簡単に見てみると、次のようになります。上図のように、まず酵素Ｅが反応の出発物Ｓと結合して複合体ＥＳを作ります。この状態でＳは化学反応して生成物Ｐに変化します。その結果、ＥＳはＥＰになります。するとＥＰは分解して、もとの酵素ＥとＰになります。すなわち、酵素Ｅはまったく変化しない状態でもとに戻るのです。だから、Ｅはまた別のＳと結合して、同じ反応を繰り返すことができます。このような反応を何万回も何億回も繰り返すのです。

酵素の働きは、外科の手術台のようなもの。反応する分子Ｓを、特定の位置と方向に固定し、反応が起きやすくするのです。２つの分子が反応するためには、互いに衝突しなければなりません。衝突と言っても、どこでもいいわけではありません。望むような反応を起こすためには、分子の特定の位置を目指して衝突しなければなりません。

反応溶液中での分子は、活発な子供のように始終休むことなく動き回っています。このような分子の特定の位置に衝突するのは、簡単ではありません。しかし、分子が手術台に固定されていれば話は別です。この手術台の役割をするのが酵素なのです。

酵素にはどんな特色があるのか？

酵素反応にはいくつかの特徴がありますが、一番は特定の酵素は特定の基質の反応にしか効果がないというものでしょう。そのため、人間の場合でも数千の酵素が存在すると言われています。これを「**鍵と鍵穴の関係**」と言います。

酵素のもう1つの特色は、有効に働く条件が限定されていること。あるいは、その条件を外れると酵素の働きがなくなる、「失活」するという点です。高温にし過ぎたり、酸やアルコールで処理したりすると、酵素が死んでしまい、酵素としての働きがなくなってしまうのです。これは、酵素がタンパク質の一種であることが原因です。

タンパク質は先に見たように複雑で正確に折りたたまれています。この折りたたみ構造を作り、維持しているのは非常に弱い力です。ですから、加熱や酸・塩基の強い作用を加えると、折りたたみ構造が壊されてしまいます。

その結果、タンパク質の立体構造は修復不可能なまでに破壊されてしまいます。これがタンパク質の変性です。生卵をいったん熱し、ゆで卵にしてしまうと、冷やしても、もとの生卵に戻らないのはこの理由です。火傷も同じことです。

酵素もタンパク質でできているので、特定条件では活性を発揮しても、それ以外の条件では折りたたみ構造が破壊されて活性を失うのです。これが触媒と大きく違う点です。

Column

おばあちゃんの知恵は「化学の知恵」

少量で生命を奪うもの、それが「毒物」です。毒物には多くの種類があります。鉱物質のヒ素、青酸カリ（シアン化カリウム）、植物質のアコニチン（トリカブト）、コニイン（毒ニンジン）、テトロドトキシン（フグ）、バトラコトキシン（矢毒カエル）など、思いもかけぬところに毒があると言ってもよい状態です。

人類は誕生のときから毒に脅かされ、毒と付き合ってきました。それだけに毒を見分ける、避ける、無毒化する知恵を身につけてきました。それは民族の智恵とも言うべきものですが、日本では「おばあちゃんの知恵」と言われることもあります。

例えば、山菜のワラビは美味しいですが、プタキロサイドという毒物が含まれています。「毒があっても、大したものではないでしょ？　だって、食べてるんだから」と思いそうです。どのくらい強いかと言うと、放牧された牛が食べると血尿をして倒れるほどです。しかも、この急性中毒を乗り切ったとしても、その後の発がんの恐れは残ったままという、二重に怖い毒です。

しかし、私たちは平気でワラビを食べていますが、なんともありません。それこそ、「おばあちゃんの知恵」です。ワラビを食べるとき、山から採ってきたものをそのまま食べることはありません。必ず「アクヌキ」をします。昔だったら、灰を溶かした灰汁を薄めた水に一晩漬けるのがアクヌキ操作です。

灰汁は塩基性です。この操作によってプタキロサイドは加水分解され、無毒化するのです。「おばあちゃんの知恵」は化学の知恵なのです。

第 5 章

元素がわかると「化学」に強くなる

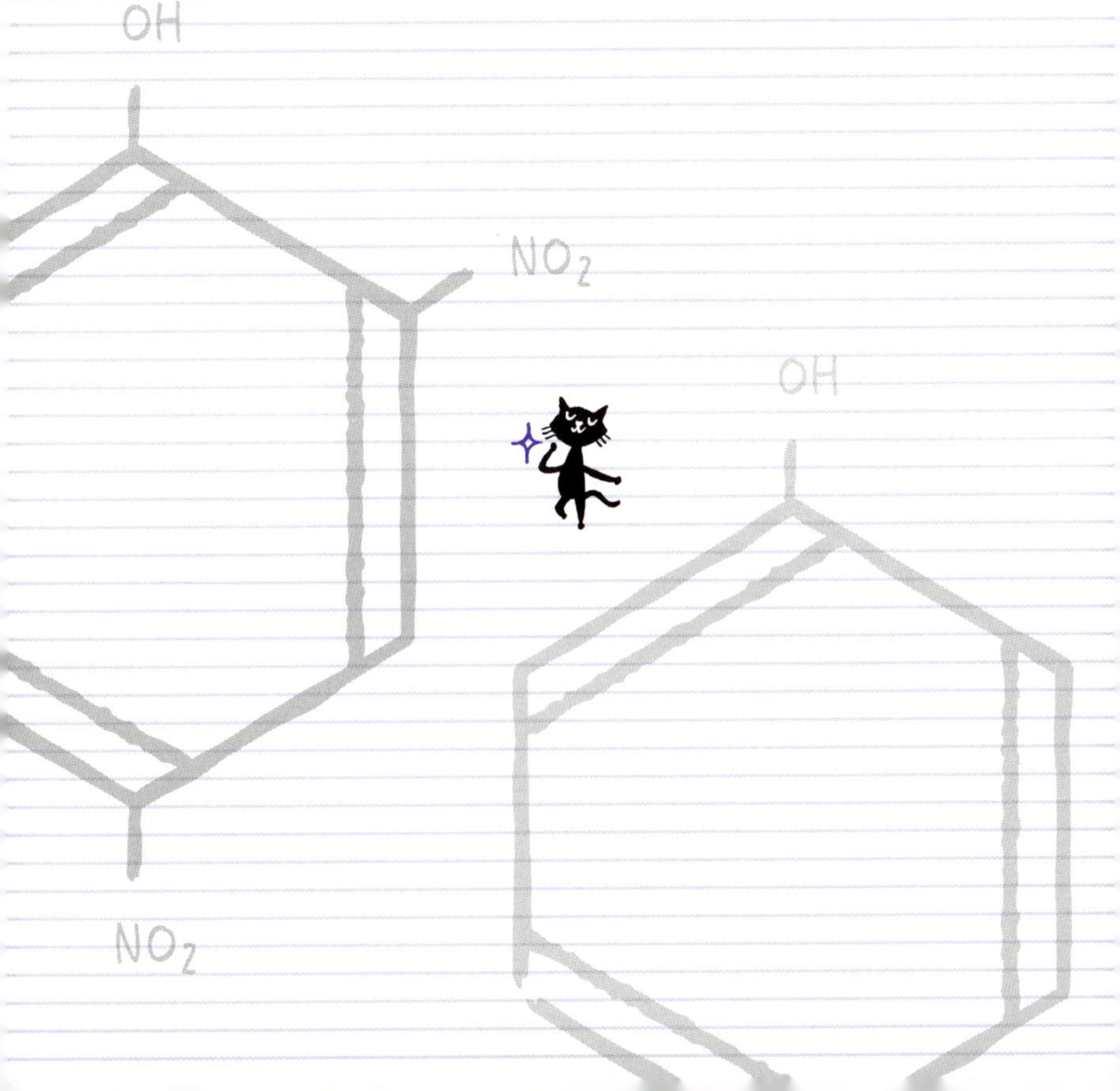

01

「周期律」から読み解く元素の性質

【周期律】

元素を原子番号順に並べ、規則性に従って折り返した表。

最後の章では、化学を作っている大もと、「元素」について考えてみます。それぞれの元素がどのように役立っているのか、活躍しているのかについて触れておきましょう。

まずは、元素の総まとめとも言える「**周期表**」についてまとめておきます。周期表を丸暗記する必要などありません。大ざっぱに傾向、性質、特徴などを知っておけば十分です。

元素の数は名前がまだ決まっていないものも含めると118あるとされ、高校の教科書には111番のレントゲニウムまで掲載されています。しかし、地球上に安定に存在する元素だけを考えると、90種類と覚えておいてかまいません。

元素は固有の性質と反応性を持ちますが、90の元素がそれぞれ似ても似つかぬものばかりではありません。あるグループの元素は互いに似ています。このような現象をもとに元素を整理し、表に配置したものが周期表です。

元素のカレンダー

原子には色々な種類があります。当然、原子量の大きいものも、小さいものもあります。そこで、これらの原子を小さいもの順に並べてみるとどうなるでしょうか。並べることはできますが、それでは90もの元素が横一列に並ぶだけです。もっと見やすい表にするにはどうするか。少なくとも、適当なところで折り返したほうが便利です。

絶好の見本がカレンダーです。周期表は言わば元素のカレンダーとも言うべきもので、元素を原子番号順（原子量の順）に並べ、折り曲げたものなのです。

未知の元素の予言につながった周期表

ロシアの化学者メンデレーエフが周期表の発明者と言われるのは、この元素の大きさ順の列を非常に合理的な長さで折り返した、という功績によります。そして、この折り返しの魔術によって、当時まだ知られていなかった未知の元素の存在を予言したのです。

カレンダーで、ある月の第2週は月曜日から日曜日まで、3（月）、4（火）、5（水）、6（木）、7（金）、8（土）、9（日）と7日間きちんと並んでいるのに、第3週は10（月）、11（火）、13（木）、14（金）、15（土）、16（日）となっていたとしましょう。カレンダーを見たら、きっと「12日が欠けている」ことと、その日が「水曜日」であることはすぐに推測できます。

実際、そのようにして1875年にはガリウム（原子番号31番）、1879年にスカンジウム（同21番）、1886年にゲルマニウム（同32番）という新元素が次々に発見されました。まさに驚きの表です。

周期表を読み取ろう

周期表には多くの種類があります。ここで示したものはその一種であり、現在の教科書に出ている「長周期表」です。30年ほど前に教科書で使われていたのは「短周期表」でした。現在では、ラセン状の周期表、円筒状の周期表、さらに一部分だけ膨らんでいる円筒状の周期表など、色々と考案されています。

周期表には基本的なデザインがあります。最も一般的な「長周期表」を例にとれば、上

第5章 元素がわかると「化学」に強くなる

	1	2	3	4	5	6	7	8	9	10	11	12	13	14	15	16	17	18
1	1 H 水素																	2 He ヘリウム
2	3 Li リチウム	4 Be ベリリウム		レアメタル			レアアース						5 B ホウ素	6 C 炭素	7 N 窒素	8 O 酸素	9 F フッ素	10 Ne ネオン
3	11 Na ナトリウム	12 Mg マグネシウム		レアアース17種は「希土類」とも呼ばれ、すべてレアメタルに含まれる。									13 Al アルミニウム	14 Si ケイ素	15 P リン	16 S 硫黄	17 Cl 塩素	18 Ar アルゴン
4	19 K カリウム	20 Ca カルシウム	21 Sc スカンジウム	22 Ti チタン	23 V バナジウム	24 Cr クロム	25 Mn マンガン	26 Fe 鉄	27 Co コバルト	28 Ni ニッケル	29 Cu 銅	30 Zn 亜鉛	31 Ga ガリウム	32 Ge ゲルマニウム	33 As ヒ素	34 Se セレン	35 Br 臭素	36 Kr クリプトン
5	37 Rb ルビジウム	38 Sr ストロンチウム	39 Y イットリウム	40 Zr ジルコニウム	41 Nb ニオブ	42 Mo モリブデン	43 Tc テクネチウム	44 Ru ルテニウム	45 Rh ロジウム	46 Pd パラジウム	47 Ag 銀	48 Cd カドミウム	49 In インジウム	50 Sn スズ	51 Sb アンチモン	52 Te テルル	53 I ヨウ素	54 Xe キセノン
6	55 Cs セシウム	56 Ba バリウム	ランタノイド	72 Hf ハフニウム	73 Ta タンタル	74 W タングステン	75 Re レニウム	76 Os オスミウム	77 Ir イリジウム	78 Pt 白金	79 Au 金	80 Hg 水銀	81 Tl タリウム	82 Pb 鉛	83 Bi ビスマス	84 Po ポロニウム	85 At アスタチン	86 Rn ラドン
7	87 Fr フランシウム	88 Ra ラジウム	アクチノイド	104 Rf ラザホージウム	105 Db ドブニウム	106 Sg シーボーギウム	107 Bh ボーリウム	108 Hs ハッシウム	109 Mt マイトネリウム	110 Ds ダームスタチウム	111 Rg レントゲニウム	112 Cn コペルニシウム	113 Uut ウンウントリウム	114 Fl フレロビウム	115 Uup ウンウンペンチウム	116 Lv リバモリウム	117 Uus ウンウンセプチウム	118 Uuo ウンウンオクチウム
電荷	+1	+2		複雑								+2	+3		-3	-2	-1	
名称	アルカリ金属	アルカリ土類金属										亜鉛族	ホウ素族	炭素族	窒素族	酸素族	ハロゲン族	希ガス
	典型元素		遷移元素									典型元素						

ランタノイド	57 La ランタン	58 Ce セリウム	59 Pr プラセオジム	60 Nd ネオジム	61 Pm プロメチウム	62 Sm サマリウム	63 Eu ユーロピウム	64 Gd ガドリニウム	65 Tb テルビウム	66 Dy ジスプロシウム	67 Ho ホルミウム	68 Er エルビウム	69 Tm ツリウム	70 Yb イッテルビウム	71 Lu ルテチウム
アクチノイド	89 Ac アクチニウム	90 Th トリウム	91 Pa プロトアクチニウム	92 U ウラン	93 Np ネプツニウム	94 Pu プルトニウム	95 Am アメリシウム	96 Cm キュリウム	97 Bk バークリウム	98 Cf カリホルニウム	99 Es アインスタイニウム	100 Fm フェルミウム	101 Md メンデレビウム	102 No ノーベリウム	103 Lr ローレンシウム

ヨコが族
タテが周期

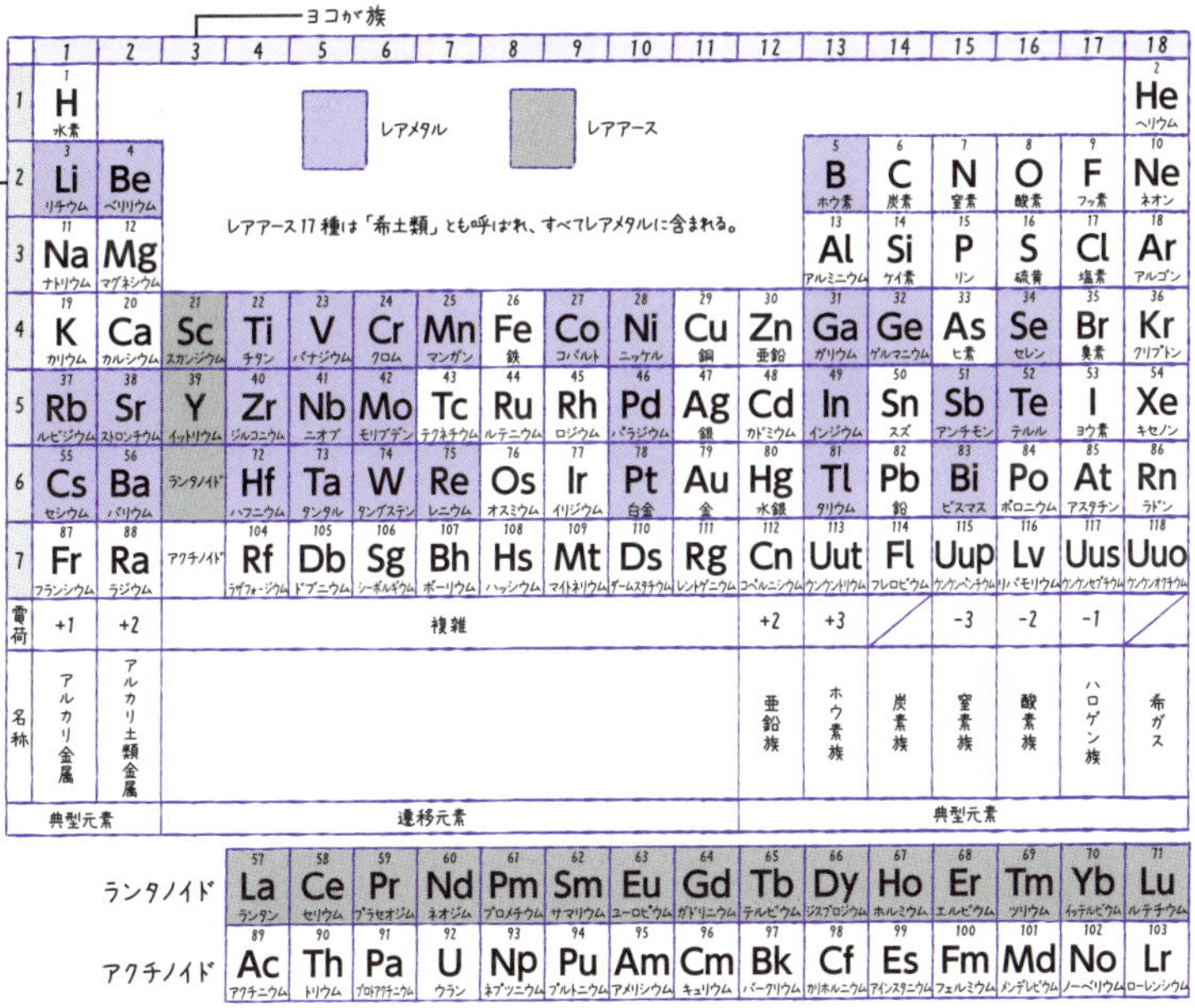

部には左から1〜18までの「**族番号**」が並んでいます。

番号1の下に並ぶ元素を1族元素、2の下に並ぶ元素を2族元素と言います。周期表の左端には上から順に1〜7の「**周期**」があります。例えば、1の右に並ぶ元素を「第一周期元素」と言います。

族はカレンダーの「曜日」に当たるものです。日付に関わらず日曜日は楽しく、月曜日は気が重いように、各族の元素はそれなりに似た性質を持ちます。周期はカレンダーで言えば、第何週というような意味合いです。

典型元素と遷移元素

元素は、周期表のどの位置にあるかによって、いくつかの種類に分けることができます。これは、化学のセンスを養う上で大切になります。

「**典型元素**」は、周期表の1〜2族、12〜18族という、両端にまたがる元素のこと。「同じ族の元素は似た性質を持つ」というのは、この典型元素に当てはまります。例えば、1族元素は1価の陽イオンになりやすい、そして2族元素は2価の陽イオンになりやすい、17族元素は1価の陰イオンになりやすい、などの共通の性質（典型的な性質）があるのです。ただ、典型元素の場合、室温で気体、液体（水銀）、固体とバラバラです。また、金属元素、非金属元素、半導体など、これまた多様な性質の元素が存在します。

「**遷移元素**」は、周期表で典型元素に両側から挟まれた3〜11族の元素のこと。その名前の意味は、周期表の左から右にかけて徐々（遷移的）に性質が変化する、ということから来ています。だから、すべての元素が似通っており、共通の性質は金属元素であり、室温で固体であるということ。そのため、遷移元素は「**遷移金属**」と呼ばれることもあります。

02

悪魔の顔を持つ「植物の三大栄養素」

【植物の三大栄養素】

窒素、リン、カリウム。中でも窒素が最も重要だが、多くの爆薬の原料にもなる。

生物にとって栄養素は必須ですが、植物の場合、それは肥料になります。そして植物の三大栄養素（三大肥料）と呼ばれているのが、「窒素、リン、カリウム」です。ここでは、そのうち窒素とリンについて見ておきましょう。

「窒素」は諸刃の剣

植物の三大栄養素の１つである「窒素」は、あらゆる植物の成長にとって不可欠で、とりわけ茎をしっかりと太くする、葉っぱをよく茂らせるといった効果があります。もし、不足すると、茎は細く弱々しくなり、葉っぱも薄くなります。だから、ハーバ

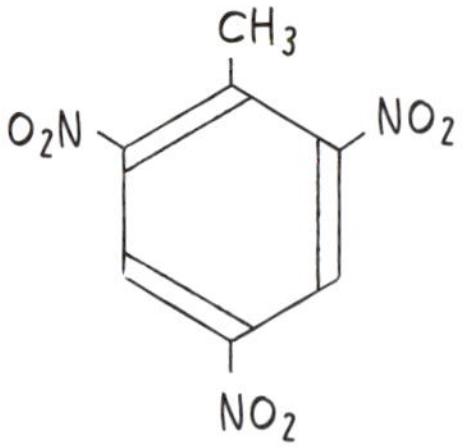

トリニトロトルエン
（TNT）

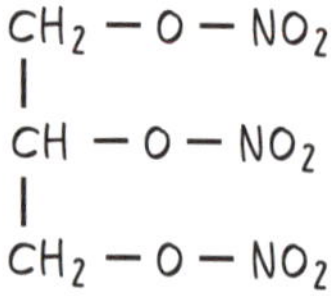

ニトログリセリン

NO_2
ニトロ基

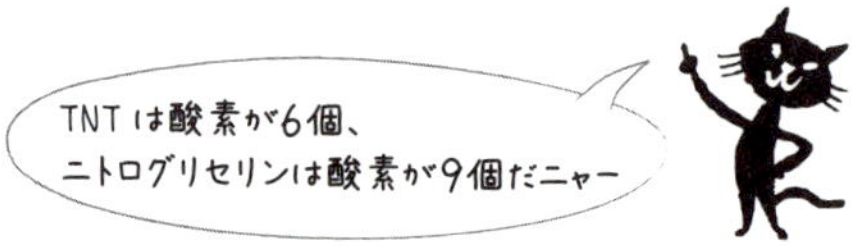
TNTは酸素が6個、
ニトログリセリンは酸素が9個だニャー

ーとボッシュが確立した「空中窒素固定」は、まさに人類を飢えから救った業績でした。

　しかし、窒素には「負の側面」もあります。それは、化学肥料としての多大なる貢献とは真逆の、多大なる暴力的側面です。化学肥料は、ハーバー・ボッシュ法で得られる第一次生産物アンモニアを酸化した「硝酸」を用いて作ります。「硝酸」と聞いて、きな臭い匂いを感じる人もいるのではないでしょうか。そう、爆薬です。化学肥料そのものが、爆薬（の原料）なのです。

　爆発とは、簡単に言えば〝急速な燃焼〟です。石油ストーブは、石油をゆっくりと燃やすから暖房器具として機能しますが、もし瞬時に燃えたら爆発事故になります。物質が燃えるためには酸素が必要です。しかし、爆発的な燃焼を起こすためには、空気中にある酸素を取り込んでいては不足です。燃焼物の中に酸素を入れておくのが一番です。

そのために利用されるのが「ニトロ基」です。ニトロ基1つに、「2個の酸素」を自ら抱えているのです。爆薬の代名詞でもあるTNTは1分子の中に6個の酸素を持ち、ダイナマイトの原料であるニトログリセリンに至っては1分子の中に9個の酸素を持っています。

そして、ニトロ基を化合物に導入するのが「硝酸」です。すなわち、ハーバーとボッシュは、爆薬を合成するための原料を作る技術をも開発したのです。実際、第一次世界大戦でドイツ軍が使用した弾薬の大部分は、ハーバー・ボッシュ法で賄われたとも言われます。現代社会で戦争が多くなり、しかもそれが大規模化、長期化したのはハーバー・ボッシュ法によって、硝酸が無尽蔵に作成可能になったからとの説もあります。

人類を飢えから救ったのもハーバー・ボッシュ法なら、人類を恐怖のどん底に落とし込んだのもハーバー・ボッシュ法。化学知識は同じでも、使い道次第ということです。

ぼくらはリンのおかげで生きてきた

「**リン**」も植物の三大栄養素の1つです。リンは不足すると花のつき方や実のなり方が悪くなるので、花や野菜、果実を育てるときには欠かせない栄養素です。また、それ以外の側面でも、人間を含めた動物の観点から重要な働きをします。

リンは成人の体内に800グラムほど存在し、その大部分（85％）はリン酸カルシウムとして骨格を形成しています。しかし、生体におけるリンの重要性は骨格以外の場所にあります。それは核酸です。核酸の主要構成元素の1つがリンなのです。すなわち、リンがなければ、すべての生物が子孫を残すことができません。これまで生物が生存できてきたのは、リンのおかげなのです。

そればかりではありません。生物は、食物を代謝（化学的には「酸化」）することでエネルギーを得ます。そのエネルギーは、必要なときまで保存できなければ意味がありません。エネルギー貯蔵の役割をするのがATPという分子で、このATPの主要元素もリンなのです。

このように、リンは量そのものは多くありませんが、生体の重要なポイントで活躍する元素です。それだけに、生体に致命的なダメージを与えることも可能です。それを利用したのがリン系殺虫剤、さらに強力な化学兵器のサリン、ソマン、VXなのです。

03

美しさと能力を兼ね備えた「白金族」

【白金族】

金、銀、白金などの貴金属のこと。特に白金は水素燃料電池をはじめ、各種の触媒として産業活用され、抗ガン剤にも利用される。

大きな町の目抜き通りを歩いていると、宝飾関係の店舗を多数見かけます。それらの店で貴金属と言うと「金、銀、プラチナ（白金）」の3つを指します。しかし、化学の世界では少し違って「金、銀」の他に、白金族と呼ばれる6種類の元素「ルテニウム、ロジウム、パラジウム、オスミウム、イリジウム、プラチナ（白金）」を併せた合計8種類の金属を指すのです。

これらの金属の特徴は「美しい」ということではなく、いずれも「反応性に乏しい」、すなわち何物にも侵されにくいという性質です。貴金属は侵されることなく美しいけれども、化学的には安定し過ぎて用途が限られる。そんなイメージだったのですが、現在ではかなり変わってきています。貴金属元素は、現代化学の最先端で活躍し始めているのです。

18Kから8Kまで落ちぶれた「金のシャチホコ」

宝飾店のショーウインドーに飾られている「ホワイトゴールド」。日本語にそのまま直訳すれば「白金」となります。しかし、「白金」の英語名は「プラチナ」です。プラチナとホワイトゴールドは別ものなので、「白金」とは訳せません。ということで、ホワイトゴールドの日本語訳は「白色金」という苦しいものになっています。

ホワイトゴールドの正体は合金です。金を主体に、ニッケル、パラジウムなどを加えて白くしたものです。金の合金では金の含有量をカラット（K）で表わします。純金を24Kとし、50%の含有量なら12Kというわけです。

ちなみに、名古屋城の金のシャチホコは、建設当初、豊臣秀吉の慶長大判を鋳つぶしたもので作られ（と言っても、金製なのは表面だけですが）、18Kの純度があったと言われます。しかし、その後、尾張藩の財政が逼迫するたびに、シャチホコの鱗の何枚かを剥ぎ取って財政に回し、残りの鱗に銀や銅を混ぜて改悪し、江戸時代の末期には純度8Kまで落ちていたそうです。しかも、それを領民に気づかれないように、「鳥の糞から守るため」

という名目で、シャチホコのまわりを金網で囲って見えにくくしていた、と言いますから悪質です。

先端産業で引っ張りだこの貴金属

「貴金属元素が活躍し始めている」という例の1つとして、「触媒」があります。現在、注目されている触媒作用は、水素燃料電池で用いるもの。水素燃料電池は、水素と酸素が反応して水になるときの反応エネルギーを電気エネルギーに換える装置です。つまり、水の電気分解の逆で、アポロ13号の例と同じ原理です。この電池には触媒が不可欠で、現在のところ、それは「白金」です。

しかし、貴金属の弱みは貴重で高価ということ。中でも白金は、その80％近くが南アフリカでしか産出されないレアメタル（希少金属元素）であり、その価格は多くの場合、金よりも高くなっています。しかも、白金は値動きが激しい。技術的には水素燃料電池は完成したものの、白金の価格が高騰して経済的にはペイしない。作れば作るほど、赤字ということになっては大変です。

また、自動車の排ガスから有害物質を除く、三元触媒も注目される触媒です。この触媒には、白金、パラジウム、ロジウム、イリジウムといった貴金属が使われています。最先端分野で、貴金属への需要が非常に高まっているのです。

電気自動車の動力源として期待される水素燃料電池、ガソリン自動車の排ガス対策に欠かせない三元触媒、このように、自動車はいまや貴金属触媒なしには走れない状態です。貴金属以外の触媒開発も研究されていますが、その場合にもレアメタルが必要となり、希少性、高価格に関しては貴金属と大差ない状態です。

医薬品でも活躍する貴金属

貴金属の活躍は、医薬品の分野にも裾野を広げています。自己免疫疾患の1つであるリウマチには、これまで有効な薬がありませんでした。そのような状況で開発されたのが、金チオリンゴ酸ナトリウム（商品名シオゾール）という抗リウマチ薬です。その名前のとおり、金の化合物です。免疫反応を司る免疫細胞の働きを抑えますが、くわしい作用のしくみはわかっていません。

また、抗ガン剤としては商品名カルボプラチンなどの白金製剤が使われます。これは二重螺旋を構成するDNAに作用し、2本のDNA分子鎖の間にまたがるようにして架橋構造（高分子同士を連結し、物理的・化学的な性質を変化させる構造）を作ります。こうなるとDNAは分裂・複製ができなくなり、ガン細胞の分裂・増殖もできなくなり、ガンの治療につながるのです。

貴金属は「美しい」だけでなく、いまや産業に、医療にと、私たちの生活を支える大きな役割を果たし始めているのです。

04

「軽い＋強い」で時代の寵児となった「軽金属」

【軽金属】

金属を比重によって分けたとき、比重が概ね５より小さいものを言う。軽金属には高性能の合金を作るものがある。

これまで人類に貢献してきた金属と言えば、「鉄」が真っ先にあげられます。そんな中、話題にこと欠かないのが「軽金属」です。

軽金属とは比重が4あるいは5以下の金属元素を指し、アルミニウム（比重2・7）、マグネシウム（比重1・7）、チタン（比重4・5）などがあります。

軽金属を用いた合金は軽くて機械的強度が強いなど、優れた特徴があるので、航空機の機体に欠かせません。最近では、それ以外の分野でも注目度の高い元素です。

「チタン」は形状記憶、光触媒など新市場へ

チタンは地殻中での埋蔵量として10番目に多く、実用的な金属としてはアルミニウム、鉄、マグネシウムに次いで多いものです。しかし、製錬が困難なのでチタン金属を利用できるようになったのは20世紀中頃のこと。したがって、人類との付き合いは半世紀という新しい金属です。

軽い上に強度が強いので、チタンは多くの方面で使われています。航空機はもとより、ゴルフクラブのヘッド、メガネの縁などと多様です。また、製品の形状を覚えていて、変形しても加熱されると元の形状に戻るという「**形状記憶合金**」の素材としても用いられます。

チタンは「**光触媒**」の分野でも活躍しています。光触媒というのは、酸化チタンに光が当たると強力な触媒作用を示すというもの。その１つが、水を分解して水素と酸素に分解することです。これは光エネルギーによる水素ガスの直接発生ですから、水素燃料電池の開発と相まって注目されています。

また、酸化チタンでコーティングしておけば、その超親水性により自動車のミラーに水滴がつかず視認性を向上させる、あるいは建物の外壁の表面洗浄などの効果があるとされ

ています。他にも明治の昔は化粧の白粉《おしろい》に毒性の強い鉛白（酸化鉛）を用いましたが、その被害もあって現在では酸化チタンなどが用いられています。

「軽い＋強い」軽金属同士の合金

変わった使われ方の軽金属としては、リチウム（比重0・51）があります。リチウムは銀白色でやわらかく、金属の中で最も比重の小さなものです。よく知られている用途としてはリチウム電池の原料がありますが、うつ病の治療薬としても用いられています。

軽金属は「軽さ＋強さ」により、航空機の機体（銅、マグネシウム、アルミの合金がジュラルミン）や、F1レースの車体（ベリリウムとアルミの合金など）、さらに軽くて強いので、自動車のホイール（マグネシウムとアルミニウムの合金）などによく使われます。

また、ベリリウムは極低温でもほとんど変形しない特性を活かし、宇宙空間で使う望遠鏡の素材に用いられます。

軽金属元素は精錬が難しかったものの、最近では新しい市場をどんどん切り拓き始めているのです。

05 いまや欠かせない戦略元素「レアメタル」

【レアメタル】

産業にとって競争優位上、極めて重要な材料でありながら、日本において産出量が少ない、あるいは確保しにくい金属元素。

「**レアメタル**」は日本語で「希少金属」と言い、全部で47種類が指定されています。70種類ほどの金属元素のうちの47種類ですから、全金属元素の3分の2がレアメタルということになります。

似た言葉に「レアアース」があります。こちらは「**希土類元素**」と訳され、全部で17種類あります。レアアースの17種類はすべてレアメタルに含まれているので、この2つは別ものではありません。

レアメタルは合金にすると強度が増すばかりでなく、耐熱性、耐薬品性が増すなど、高品質になります。レアアースは発光性、磁性で大きな特性を持つものが多く、現代の最先端科学産業に欠かせない存

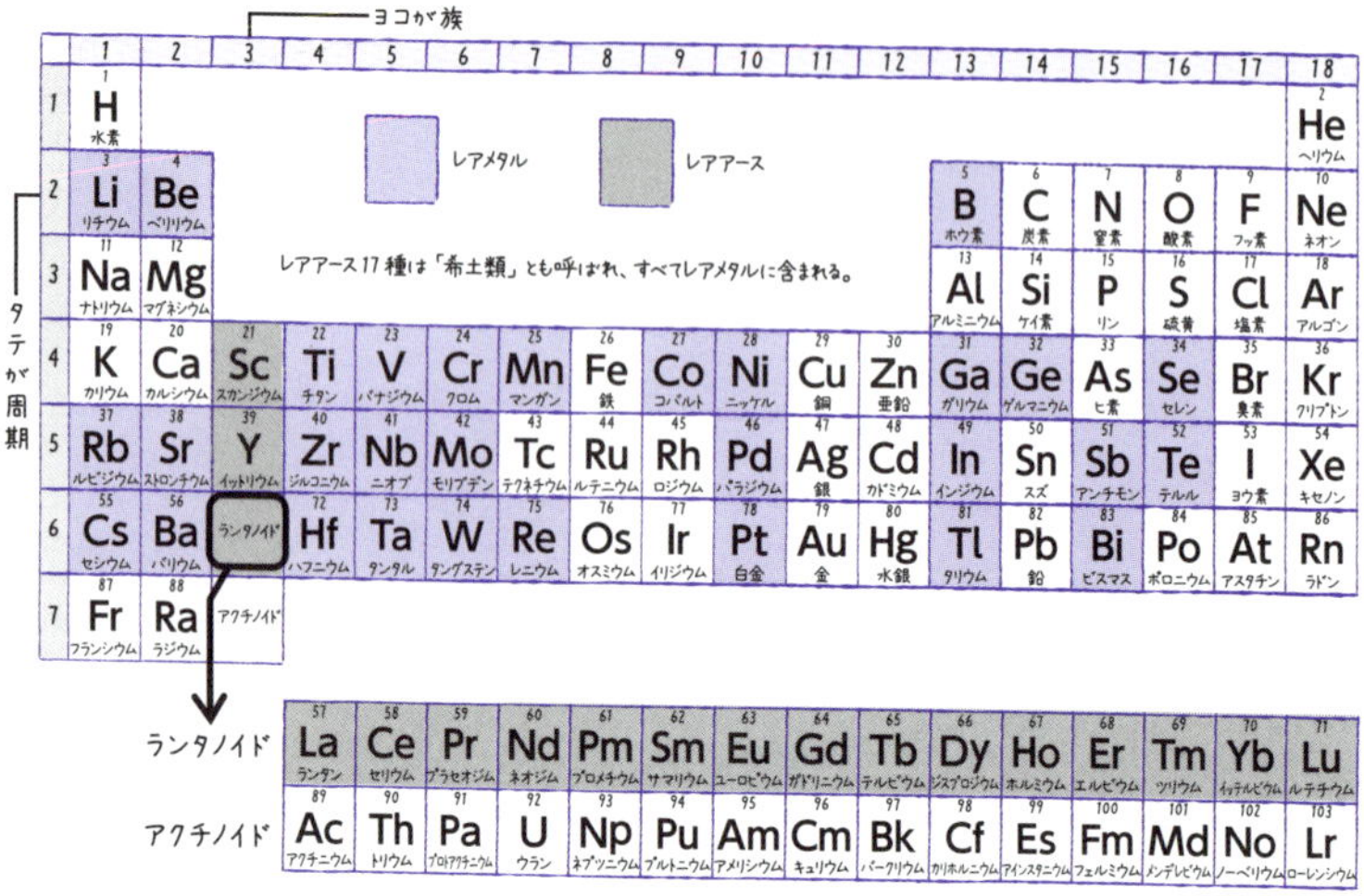

在です。

レアメタルの分類法

レアメタルは、現代産業のビタミンと呼ばれるほど重要な金属でありながら、日本での産出量が少ないものです。「レアメタル」という分類は、政治的、経済的に珍しいものです。具体的には、「日本にとって希少」という意味であり、

①地殻での存在量が少ない
②特定の地域に偏って産出する
③分離、製錬が困難

の条件の1つを満たす金属のことを言います。

17種類のレアアース

レアアースの分類はレアメタルとは違い、れっきとした化学的な分類であり、周期表3族の上部にある3種、すなわち、スカンジウム、イットリウム、ランタノイドのことを指します。この中で「**ランタノイド**」は1つの元素の名前ではなく、元素集団の名前であり、全部で15種類の元素があります。したがって、レアアースというのはスカンジウム、イットリウムと、この15種類のランタノイド元素、全17種類のことを言うのです。

しかし、周期表本体では15種類のランタノイド元素が1つのマスにまとめられていることからわかるとおり、これらの元素の性質は極めてよく似ています。そのため、分離・製錬が非常に困難です。その上、レアアースはよく放射性元素のトリウムと一緒に産出されます。したがって、レアアースの単離・精製は、とても危険が伴うのです。

レアメタル、レアアースはどう使われているか

レアメタルは、おもに鉄などの金属に混ぜて合金として使われます。その結果、非常に硬い合金（超硬合金）、超耐熱の合金、反対に超低温で強度が劣化しない合金、耐薬品性に優れた合金などが得られます。これらは工作機器、航空機、ロケットなどに欠かせない金属であり、日本の先端産業の高機能・高性能製品を支える屋台骨となっています。次ページの図では、携帯電話を例にレアメタルがどのように使われているかを示しました。

携帯電話に使われているレアメタル（青文字＝レアメタル）

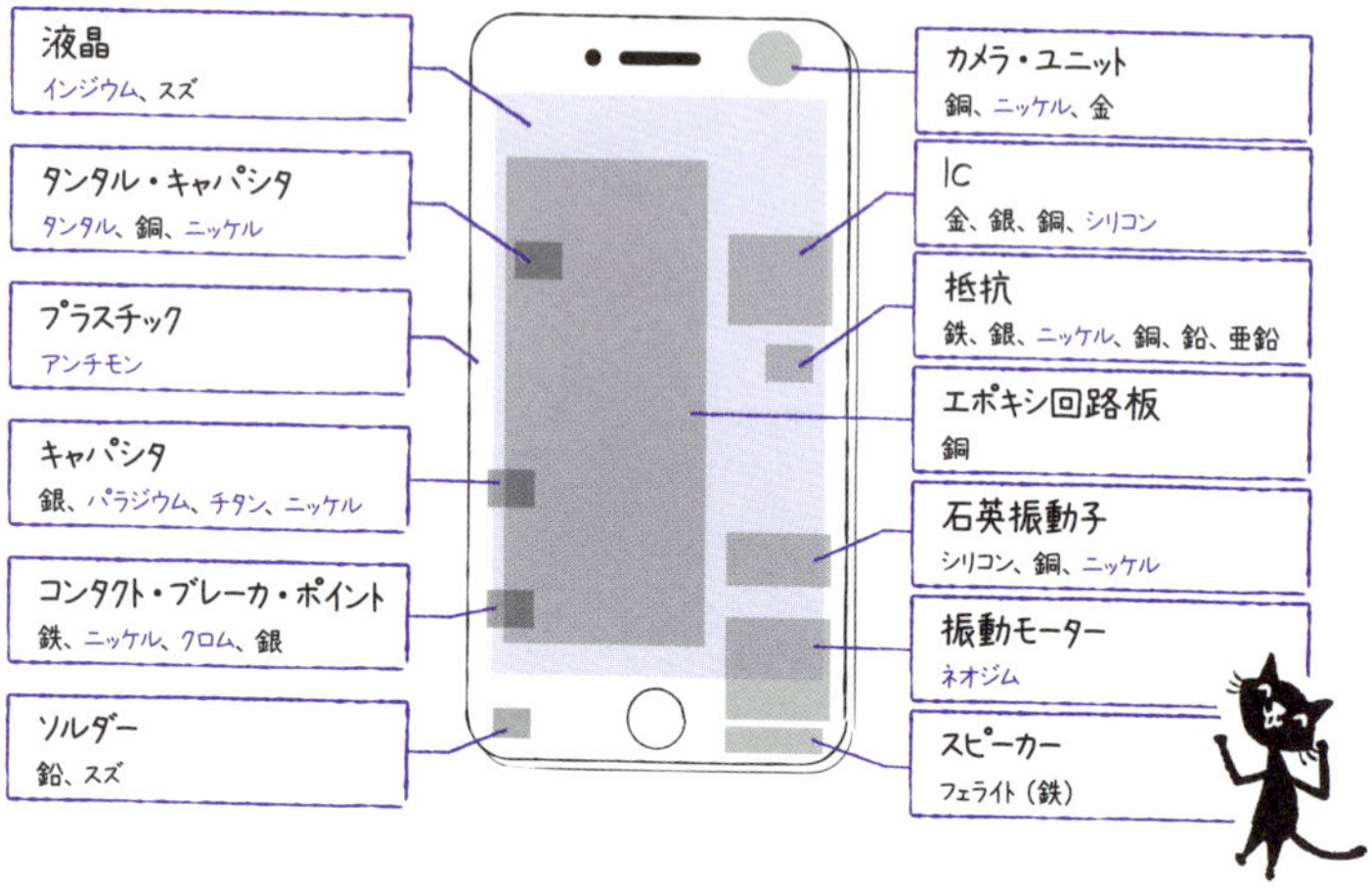

さらに、レアアースは発光性、磁性に特色のあるものが多いことが知られています。世界の先端を走る日本の電気自動車、ハイブリッド車にはネオジム磁石が使われていますが、ここにはネオジム以外にもジスプロシウムの含有が不可避であり、これらはすべてレアアースです。

このように、テレビやモニター類のカラー素子、高性能磁石、レーザー発振素子など、まさしく現代科学産業の最先端を行く現場で活躍しています。

現在でも入手困難なレアメタルですが、将来の供給不足・不安定さを考えると、アモルファス金属や機能性有機素材など、レアメタルの代替になるものを早急に開発する必要があるでしょう。

Column

日露戦争勝利の秘密、ピクリン酸

現在では、爆薬と言えばトリニトロトルエン（ＴＮＴ）です。しかし、20世紀初頭、日露戦争（１９０４年）の頃には、各国の軍隊はＴＮＴ以外の火薬も使っていました。日本軍が日露戦争で使用した爆薬は、下瀬海軍技官の改良した下瀬火薬と言われるものでした。これは爆発力が大きく、燃焼性も大きいため、敵軍に多大な被害を与えたと言います。日本が日露戦争に勝ったのは、海戦でこの下瀬火薬を用いたためと言われるほどです。

下瀬火薬は化学的にはピクリン酸と言われるものです。爆発とは急速な燃焼反応のことなので、爆薬の中に酸素原子が多いほうが有利です。本文でも、ＴＮＴは１分子中に６個の酸素を持っている、と述べましたが、ピクリン酸はなんと7個の酸素を持っているのです。

このように驚くべき爆薬ですが、致命的な欠陥がありました。それは、ピクリン酸がフェノール誘導体だということです。フェノールは酸性物質です。すなわち、砲弾の中に長

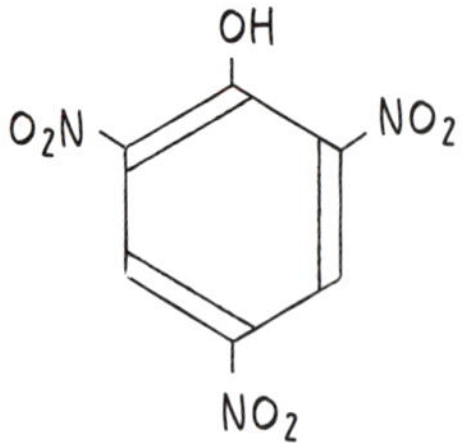

7個の酸素をもつ
ピクリン酸

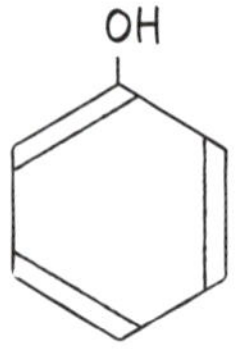

フェノール

酸素が7個も
あると爆発力が
強そうだニャー

いこと詰めておくと、砲弾の鉄が酸化されて弱くなるのです。下手をすると、発射のときに砲身内で破裂するかもしれません。これでは、逆に味方を潰しかねません。こうして、ＴＮＴに置き換えられたというわけです。

齋藤勝裕（さいとう・かつひろ）
1945年5月3日生まれ。1974年、東北大学大学院理学研究科博士課程修了。現在は名古屋市立大学特任教授、愛知学院大学客員教授、金城学院大学客員教授、名古屋産業化学研究所上席研究員、名城大学非常勤講師、中部大学講師、名古屋工業大学名誉教授などを兼務。理学博士。専門分野は有機化学、物理化学、光化学、超分子化学。おもな著書として、「絶対わかる化学シリーズ」全18冊（講談社）、「わかる化学シリーズ」全16冊（東京化学同人）、「わかる×わかった！ 化学シリーズ」全14冊（オーム社）、『レアメタルのふしぎ』『マンガでわかる有機化学』『マンガでわかる元素118』（以上、SBクリエイティブ）、『生きて動いている「化学」がわかる』『生きて動いている「有機化学」がわかる』『元素がわかると化学がわかる』（ベレ出版）など多数。

ぼくらは「化学」のおかげで生きている

2015年 7月25日　初版第1刷発行
2019年 2月15日　初版第3刷発行

著　者　齋藤勝裕
発行者　小山隆之
発行所　株式会社 実務教育出版
〒163-8671　東京都新宿区新宿1-1-12
電話　03-3355-1812（編集）　03-3355-1951（販売）
振替　00160-0-78270

印刷／壮光舎印刷　　製本／東京美術紙工

ISBN978-4-7889-1141-3　C0043

実務教育出版のサイエンス本！

数的センスを磨く 超速算術

筆算・暗算・概算・検算を武器にする74のコツ

涌井良幸・涌井貞美 著

問題に適した解き方を瞬時に見抜く“数的センス”を鍛えることで、仕事もプライベートも一変する。さあ、「超速算術」をあなたの武器にしよう！

定価 1400 円（税別）

ISBN978-4-7889-1072-0

なぜか惹かれる ふしぎな数学

蟹江幸博 著

「1000 円がどこかに消えたとしか思えない話」「ピラミッドの高さを計算する」など、入門レベルから、やや高度なものまで、知的好奇心を満たす数学エピソードを味わおう！

定価 1400 円（税別）

ISBN978-4-7889-1073-7